E-Fuels als Retter für Verbrenner?

bup

Deutsche Bibliothek
-CIP-Einheitsaufnahme-

Olaf Magnussen
Henk Dessens
E-Fuels als Retter für Verbrenner?
Welche Alternativen gibt es zu fossilen
Brennstoffen und Strom?
ISBN: 978-3-95562-995-3
Copyright by bremen university press
Erscheinungsort: Bremen, Deutschland
Auflage 1, 07. Oktober 2023
Version 1.0
Printed in EU, UK, USA, JP, AUS
bup@bremenuniversitypress.com
www.bremenuniversitypress.com

E-Fuels als Retter für Verbrenner?

INHALT

Einleitung

Die Bedeutung von E-Fuels (elektronischen Kraftstoffen) für PKW ist ein Thema, das sowohl technische als auch sozioökonomische Aspekte berührt. E-Fuels werden als eine Möglichkeit gesehen, den Übergang zu einer nachhaltigeren Mobilität zu erleichtern, insbesondere in Szenarien, in denen der Einsatz von Elektrofahrzeugen aus verschiedenen Gründen problematisch sein könnte.

Einer der Hauptvorteile von E-Fuels ist, dass sie in bestehenden Verbrennungsmotoren verwendet werden können. Das bedeutet, dass die Lebensdauer von Millionen von Fahrzeugen, die derzeit auf den Straßen unterwegs sind, verlängert werden könnte, ohne dass sie durch Elektrofahrzeuge ersetzt werden müssen. Dies könnte insbesondere in Ländern von Bedeutung sein, in denen die Infrastruktur für Elektrofahrzeuge nicht ausreichend entwickelt ist oder in denen der rasche Umstieg auf Elektromobilität aus wirtschaftlichen oder politischen Gründen nicht möglich ist.

Wenn E-Fuels aus erneuerbaren Energiequellen hergestellt werden, können sie eine deutliche Reduzierung der CO_2-Emissionen ermöglichen, verglichen mit fossilen Brennstoffen. Dies würde dazu beitragen, die Ziele im Bereich der Klimaveränderung zu erreichen, ohne dass dafür sofort ein vollständiger Wechsel zu alternativen Antriebsformen notwendig wäre.

E-Fuels können eine praktische Alternative zu Elektrofahrzeugen in Bereichen bieten, in denen die Reichweite und die Verfügbarkeit von Ladestationen ein Problem darstellen. Sie können auch in Hybridfahrzeugen eingesetzt werden, die sowohl einen Verbrennungsmotor als auch einen Elektromotor verwenden, um die Vorteile beider Technologien zu kombinieren.

Es gibt jedoch auch Bedenken hinsichtlich der Energieeffizienz und der Gesamtemissionen, die bei der Herstellung von E-Fuels entstehen. Die Produktion von E-Fuels ist energieintensiv und wenn die Energie nicht aus erneuerbaren Quellen stammt, kann der gesamte Lebenszyklus des Brennstoffs weniger nachhaltig sein als der von Elektrofahrzeugen.

Die Kosten für die Produktion von E-Fuels sind derzeit noch hoch, und ohne staatliche Unterstützung oder Massenproduktion sind sie nicht wettbewerbsfähig. Dies könnte sich jedoch mit fortschreitender Technologie und erhöhter Nachfrage ändern.

Dieses Buch untersucht, ob E-Fuels tatsächlich eine nachhaltige Alternative zur Elektromobilität in Industrieländern sein können und beantwortet diese.

Die Bedeutung nachhaltiger Mobilität

Nachhaltige Mobilität ist in einer Zeit, in der die Auswirkungen des Klimawandels und der Umweltverschmutzung immer deutlicher werden, von entscheidender Bedeutung. Die Verkehrssektoren sind eine der Hauptquellen für Treibhausgasemissionen und andere Formen der Verschmutzung. Die Umstellung auf nachhaltigere Formen der Mobilität kann daher erheblich dazu beitragen, die Umweltauswirkungen zu minimieren.

Die Implementierung nachhaltiger Mobilitätslösungen ist mit einer Reihe von Herausforderungen verbunden. Dazu gehören technologische Limitierungen, hohe Anfangsinvestitionen, Mangel an politischem Willen, gesellschaftliche Akzeptanz und Infrastrukturprobleme. Jede dieser Herausforderungen kann separat oder in Verbindung mit anderen als Barriere für den Übergang zu nachhaltigeren Transportmitteln dienen.

Nachhaltige Mobilität ist nicht isoliert zu betrachten. Sie ist eng verknüpft mit anderen Themen wie Stadtplanung, Energiepolitik, soziale Gerechtigkeit und wirtschaftliche Entwicklung. Zum Beispiel beeinflussen die Art der Stadtentwicklung und die Verfügbarkeit von öffentlichen Verkehrsmitteln die Machbarkeit von Elektroautos und Fahrradverkehr. Ebenso können soziale Ungerechtigkeiten verstärkt werden, wenn nur wohlhabende Gemeinden Zugang zu sauberen Transportmitteln haben.

Die Diskussion um nachhaltige Mobilität ist sowohl auf globaler als auch auf lokaler Ebene relevant. Während globale Abkommen wie das Pariser Abkommen Richtlinien für die Reduzierung von Treibhausgasemissionen setzen, spielt die lokale Politik eine entscheidende Rolle bei der Umsetzung konkreter Maßnahmen, sei es durch die Förderung von Elektroautos, die Einrichtung von Fahrradwegen oder die Verbesserung des öffentlichen Verkehrs.

Warum dominieren Verbrennungsmotoren immer noch die Diskussion?

Zunächst einmal haben Verbrennungsmotoren eine lange Geschichte und haben die Art und Weise, wie Menschen reisen und Güter transportieren, revolutioniert. Sie sind seit mehr als einem Jahrhundert ein fester Bestandteil des weltweiten Verkehrs und haben in dieser Zeit enorme Fortschritte in Bezug auf Effizienz und Emissionsreduzierung gemacht.

Verbrennungsmotoren sind nach wie vor in großen Teilen der Welt das Hauptmittel für den Individualverkehr und für kommerzielle Transportanwendungen. In vielen Entwicklungsländern, in denen die Elektroinfrastruktur fehlt oder unzureichend ist, sind Verbrennungsmotoren oft die einzige praktikable Option.

Die Vielseitigkeit von Verbrennungsmotoren ist ein weiterer Grund für ihre anhaltende Relevanz. Während Elektroantriebe hauptsächlich in Pkw und kleineren Nutzfahrzeugen zum Einsatz kommen, sind Verbrennungsmotoren in einer Vielzahl von Anwendungen zu finden, von Lkw und Bussen über Schiffe bis hin zu landwirtschaftlichen Maschinen und Generatoren.

Ein weiterer bedeutender Faktor ist die bestehende Infrastruktur. Tankstellen für fossile Brennstoffe sind weltweit verbreitet, während die Ladeinfrastruktur für Elektroautos in vielen Teilen der Welt noch im Aufbau ist. Darüber hinaus sind die Ladezeiten für Elektroautos in der Regel länger als die Betankungszeiten für Fahrzeuge mit Verbrennungsmotoren, was für manche Anwendungen problematisch sein kann.

Auch die Kosten spielen eine Rolle. Obwohl die Preise für Elektroautos fallen und die Betriebskosten in der Regel niedriger sind, bleibt die Anschaffung insbesondere von E-Fahrzeugen mit hoher Reichweite für viele Menschen und Organisationen eine finanzielle Herausforderung. Verbrennungsmotoren können in vielen Fällen die kostengünstigere Option sein, insbesondere wenn man den riesigen Gebrauchtwagenmarkt berücksichtigt.

Schließlich ist die fortlaufende Forschung und Entwicklung in der Verbrennungstechnologie nicht zu übersehen. Mit der Möglichkeit, E-Fuels und andere erneuerbare Kraftstoffe zu nutzen, könnten Verbrennungsmotoren eine umweltfreundliche Alternative werden und somit ihre Relevanz behalten.

Ein nicht zu vernachlässigender Punkt ist die Abhängigkeit von bestimmten Rohstoffen wie Lithium, Kobalt und Nickel für die Herstellung von Batterien für Elektroautos. Diese Elemente werden oft unter ökologisch und ethisch bedenklichen Bedingungen abgebaut. E-Fuels können in diesem Kontext als eine Möglichkeit gesehen werden, die Abhängigkeit von diesen Rohstoffen zu verringern, da sie die bestehende Verbrennungsmotortechnologie nutzen können.

Verbrennungsmotoren bieten eine hohe Energiedichte, die es ermöglicht, große Entfernungen ohne Nachbetankung zurückzulegen. Obwohl Elektroautos in puncto Reichweite Fortschritte machen, sind Verbrennungsmotoren, insbesondere für spezielle Anwendungen wie Langstrecken-Lkw oder Luftfahrt, oft noch überlegen.

Die Technologie der Verbrennungsmotoren ist ausgereift und flexibel an verschiedene Bedürfnisse anpassbar. Ob kleine Motorräder oder riesige Frachtschiffe, die Technologie kann skaliert und angepasst werden. E-Fuels könnten diese Flexibilität weiter erhalten, während sie die ökologischen Vorteile verbessern.

In vielen Teilen der Welt sind Verbrennungsmotoren nicht nur technische, sondern auch politische und gesellschaftliche Größen. Man denke hier nur an das „Autoland Deutschland". Sie unterstützen Arbeitsplätze in der Automobilindustrie, im Energiesektor und darüber hinaus. Ein plötzlicher, umfassender Wechsel zu Elektroautos könnte weitreichende soziale und wirtschaftliche Auswirkungen haben, die sorgfältig abgewogen werden müssen.

Es ist auch wichtig zu bedenken, dass nachhaltige Mobilität wahrscheinlich eine Mischung verschiedener Technologien erfordern wird. In einer Übergangsphase könnten E-Fuels dazu dienen, bestehende Verbrennungsmotoren sauberer zu machen, während die Infrastruktur für Elektromobilität weiter ausgebaut wird.

Schließlich ist es sinnvoll, die Emissionen über den gesamten Lebenszyklus eines Fahrzeugs zu betrachten. Hier können modernste Verbrennungsmotoren, insbesondere wenn sie mit E-Fuels betrieben werden, in einigen Fällen sogar eine bessere Gesamtbilanz aufweisen als Elektroautos, je nachdem, wie der benötigte Strom erzeugt wird und welche Rohstoffe für die Batterien abgebaut werden müssen.

Was sind E-Fuels?

E-Fuels, auch als elektronische Kraftstoffe oder synthetische Kraftstoffe bekannt, sind flüssige oder gasförmige Brennstoffe, die aus elektrischer Energie hergestellt werden. Sie werden oft als eine umweltfreundlichere Alternative zu fossilen Brennstoffen angesehen, da sie das Potenzial haben, den CO_2-Ausstoß signifikant zu reduzieren, wenn sie aus erneuerbaren Energiequellen hergestellt werden.

E-Fuels

Die Herstellung von E-Fuels beginnt in der Regel mit der Elektrolyse von Wasser, um Wasserstoff und Sauerstoff zu erzeugen. Der erzeugte Wasserstoff kann dann entweder direkt als Brennstoff verwendet oder weiter verarbeitet werden, um komplexere Kohlenwasserstoffe zu erzeugen. Dabei kommt oft die Fischer-Tropsch-Synthese oder die Methanisierung von CO_2 zum Einsatz.

Das Ausgangsmaterial für den Wasserstoff und die weiteren Verarbeitungsschritte kann aus verschiedenen Quellen stammen, darunter erneuerbare Energien wie Wind- und Solarenergie oder sogar überschüssige Energie aus bestehenden Stromnetzen.

Arten von E-Fuels und ihre Verwendung

Es gibt verschiedene Typen von E-Fuels, darunter:

- E-Gas: Ein synthetisches Erdgas, das durch Methanisierung erzeugt wird.
- E-Diesel: Ein synthetischer Dieselkraftstoff, der oft durch Fischer-Tropsch-Synthese hergestellt wird.
- E-Benzin: Ein synthetischer Benzin-Ersatz.
- E-Kerosin: Ein synthetisches Kerosin, das als Flugzeugtreibstoff dienen könnte.

E-Fuels können in einer Reihe von Anwendungen eingesetzt werden, von PKWs über Nutzfahrzeuge bis hin zu industriellen Prozessen und sogar in der Luftfahrt. Sie können auch als eine Übergangstechnologie dienen, die es ermöglicht, bestehende Infrastrukturen wie Benzin- und Dieseltankstellen weiterhin zu nutzen, während gleichzeitig die CO2-Emissionen reduziert werden.

In Bezug auf die Verbrennungseigenschaften können E-Fuels sauberer sein als herkömmliche fossile Brennstoffe, da sie weniger Verunreinigungen enthalten und damit potenziell weniger schädliche Emissionen wie Schwefeldioxid oder Feinstaub produzieren. Das bedeutet jedoch nicht, dass sie völlig emissionsfrei sind. Sie können immer noch Stickoxide und andere Schadstoffe erzeugen, abhängig von der Art des Motors und den Betriebsbedingungen.

Ein wichtiger Faktor für den Erfolg von E-Fuels ist die Skalierbarkeit. Um großflächig eingesetzt werden zu können, muss die Produktion von E-Fuels in industriellen Mengen möglich sein. Dies wiederum erfordert eine umfangreiche Infrastruktur sowohl für die Herstellung als auch für die Verteilung der Kraftstoffe. Tankstellen müssten möglicherweise modifiziert oder erneuert werden, und Pipelines sowie Lagereinrichtungen könnten erforderlich sein, um die E-Fuels effizient zu transportieren.

E-Fuels könnten wirtschaftliche Vorteile bieten, indem sie bestehende Investitionen in die Infrastruktur für Verbrennungsmotoren nutzen. Das könnte besonders für Länder relevant sein, die nicht die Ressourcen für einen vollständigen Wechsel zu Elektromobilität haben. Allerdings hängt die Wirtschaftlichkeit auch stark von den Kosten für erneuerbare Energien ab, da diese einen großen Anteil der Produktionskosten für E-Fuels ausmachen.

Die Umweltauswirkungen von E-Fuels können variieren, je nachdem, wie der für die Produktion benötigte Strom erzeugt wird. Wenn der Strom aus erneuerbaren Quellen stammt, könnten die Umweltauswirkungen deutlich positiver sein als bei herkömmlichen fossilen Brennstoffen. Es gibt auch gesundheitliche Aspekte zu berücksichtigen; obwohl E-Fuels sauberer verbrennen als fossile Brennstoffe, sind sie nicht völlig emissionsfrei, insbesondere wenn es um Luftschadstoffe wie Stickoxide geht.

Vorteile von E-Fuels gegenüber herkömmlichen Treibstoffen

Verbrennung ist eine exotherme chemische Reaktion, bei der ein Brennstoff mit einem Oxidationsmittel (häufig Sauerstoff aus der Luft) reagiert und dabei Wärme und Licht erzeugt. Diese Reaktion findet in der Verbrennungskammer eines Motors statt, wo der Brennstoff (meistens Benzin oder Diesel) mit Luft gemischt und durch einen Zündfunken entzündet wird. In der einfachsten Form der Verbrennung reagiert ein Kohlenwasserstoff-Brennstoff mit Sauerstoff zu Kohlendioxid und Wasser. Unvollständige Verbrennung, die in realen Motoren regelmäßig vorkommt, führt zu Nebenprodukten wie Kohlenmonoxid (CO) und Rußpartikeln.

Die Verbrennungsreaktion ist auch eine Frage der Reaktionskinetik. Sie wird durch verschiedene Faktoren wie Temperatur, Druck und Konzentration der Reaktanden beeinflusst. Hohe Temperaturen und Drücke in der Verbrennungskammer eines Motors begünstigen die Reaktionsgeschwindigkeit, was zu einer effizienteren Verbrennung führt.

In vielen modernen Verbrennungsmotoren werden Katalysatoren eingesetzt, um die Emission schädlicher

Gase zu reduzieren. Diese Katalysatoren beschleunigen bestimmte chemische Reaktionen, die die schädlichen Emissionen in weniger schädliche Substanzen umwandeln.

E-Fuels können so konzipiert werden, dass sie chemische Eigenschaften haben, die eine sauberere und effizientere Verbrennung ermöglichen. Dies kann die Emissionen gegenüber der Verwendung fossiler Brennstoffe reduzieren und gleichzeitig die Leistungsfähigkeit des Motors deutlich verbessern.

Die Oktanzahl für Benzin und die Cetanzahl für Diesel sind wichtige Kenngrößen, die die Qualität eines Kraftstoffs in Bezug auf seine Zündfähigkeit beschreiben. Ein höherer Wert weist in der Regel auf eine effizientere und sauberere Verbrennung hin. E-Fuels können spezifisch entwickelt werden, um hohe Oktan- oder Cetanzahlen zu haben, was ihre Verbrennungseffizienz und Sauberkeit gegenüber fossilen Treibstoffen steigert.

Einer der Vorteile von E-Fuels im Vergleich zu herkömmlichen fossilen Treibstoffen ist die Möglichkeit, diese so zu formulieren, dass sie bei der Verbrennung weniger Stickoxide (NOx) erzeugen. Stickoxide sind eine Gruppe von gasförmigen Verbindungen, die aus Stickstoff und Sauerstoff bestehen und in Verbrennungsmotoren entstehen. Sie sind ein Hauptbestandteil von Luftverschmutzung und können gesundheitliche Probleme wie Asthma und andere Atemwegserkrankungen verursachen, sowie zur Bildung von bodennahem Ozon und Feinstaub beitragen.

Das Potenzial zur Reduzierung von NOx-Emissionen hängt mit dem Verbrennungsprozess und der chemischen Zusammensetzung des Treibstoffs zusammen. Da E-Fuels synthetisch hergestellt werden, können sie so konzipiert sein, dass sie eine optimale Mischung für die Verbrennung bieten, die weniger anfällig für die Bildung von NOx ist.

Die Qualität und Eigenschaften von E-Fuels können in der Produktion viel genauer gesteuert werden als bei fossilen Brennstoffen, die natürliche Verunreinigungen enthalten. Dies ermöglicht es, den Brennstoff so zu formulieren, dass er bei bestimmten Verbrennungstemperaturen und -drücken optimal arbeitet, wodurch die NOx-Bildung minimiert werden kann.

Auch Kraftstoffadditive spielen eine zunehmend wichtige Rolle bei der Optimierung der Verbrennungseigenschaften und der Emissionsminderung. Von Oktan-Boostern bis zu Reinigungsagenten können Additive auch in E-Fuels zum Einsatz kommen, um spezifische Leistungsmerkmale zu verbessern.

Nachteile von E-Fuels gegenüber herkömmlichen Treibstoffen

Einer der größten Nachteile von E-Fuels ist die Energieintensität ihrer Herstellung. Die Prozesse zur Erzeugung von synthetischen Kraftstoffen, insbesondere die Elektrolyse von Wasser zur Erzeugung von Wasserstoff, benötigen viel Energie. Diese Energie muss aus erneuerbaren Quellen stammen, um den gesamten Prozess als "grün" zu betrachten, was zusätzliche Kosten und Infrastruktur erfordert.

Aufgrund des komplexen Herstellungsprozesses sind E-Fuels in der Regel wesentlich teurer als herkömmliche fossile Brennstoffe. Obwohl die Kosten durch Skaleneffekte und technologische Fortschritte sinken könnten, ist die finanzielle Hürde immer noch eine der größten Herausforderungen für die weit verbreitete Einführung von E-Fuels. Zurzeit (Herbst 2023) würde die Herstellung eines Liters E-Superbenzin 5-6 Euro kosten, während der Liter herkömmliches Benzin rund 75 Cent (steuerbereinigt) kostet.

Für die großflächige Anwendung von E-Fuels ist eine umfassende Infrastruktur notwendig. Dies umfasst nicht nur Produktionsanlagen, sondern auch Transport- und Lagermöglichkeiten, die ebenfalls erhebliche Investitionen erfordern.

E-Fuels haben oft eine niedrigere Energiedichte im Vergleich zu herkömmlichen fossilen Treibstoffen. Dies bedeutet, dass Fahrzeuge, die mit E-Fuels betrieben werden, möglicherweise nicht dieselbe Reichweite oder Leistung erzielen wie mit fossilen Brennstoffen, es sei denn, sie werden speziell für diese Treibstoffe konstruiert oder angepasst.

Einige Verfahren zur Herstellung von E-Fuels setzen auf die Abscheidung und Speicherung von CO_2. Diese Technologien sind selbst noch nicht vollständig ausgereift und werfen Fragen hinsichtlich ihrer Effizienz, ihrer langfristigen Sicherheit und der damit verbundenen Umweltauswirkungen auf.

Es gibt Bedenken, dass die Förderung von E-Fuels die Entwicklung und Einführung von Elektrofahrzeugen verlangsamen könnte, die im Betrieb generell effizienter und sauberer sind, insbesondere wenn der Strom aus erneuerbaren Quellen stammt.

Im Vergleich zur direkten Verwendung von Elektrizität in Batteriefahrzeugen ist der Umwandlungsprozess von Elektrizität zu E-Fuel und dann seine Verwendung im Verbrennungsmotor weniger effizient. Dies könnte zu einem höheren Gesamtenergieverbrauch führen.

Diese Nachteile bedeuten nicht zwangsläufig, dass E-Fuels keine Rolle in einer nachhaltigen Energiestrategie spielen können, aber sie unterstreichen die Komplexität der Herausforderungen, die gelöst werden müssen, um E-Fuels als praktikable Option für den Massenmarkt zu etablieren.

Herstellung von E-Fuels

Die chemischen Prozesse bei der Herstellung von E-Fuels sind ein wesentlicher Aspekt, um das Potenzial dieser Technologie für eine nachhaltigere Mobilität zu verstehen.

Elektrolyse von Wasser

Einer der ersten Schritte in der Herstellung von E-Fuels ist die Elektrolyse von Wasser (H_2O) in Wasserstoff (H_2) und Sauerstoff (O_2). Dies wird durch Anlegen einer elektrischen Spannung an Elektroden in Wasser erreicht. Die Qualität und Effizienz dieses Prozesses sind stark abhängig von den verwendeten Elektrolyseuren und den Bedingungen, unter denen die Elektrolyse durchgeführt wird.

CO2-Abscheidung

Parallel zur Wasserstoffproduktion ist die Abscheidung von Kohlendioxid (CO_2) aus der Atmosphäre oder aus industriellen Quellen ein wichtiger Prozess. Dieses CO_2 dient als Kohlenstoffquelle für die Herstellung von E-Fuels.

Syntheseprozesse

Nach der Gewinnung der Grundstoffe wird der Wasserstoff mit dem abgeschiedenen CO_2 in Syntheseprozessen zu verschiedenen Arten von E-Fuels kombiniert. Der Fischer-Tropsch-Prozess und die Methanolsynthese sind Beispiele für solche Verfahren.

Im Fischer-Tropsch-Prozess werden Kohlendioxid und Wasserstoff unter hohen Temperaturen und Drücken in flüssige Kohlenwasserstoffe umgewandelt, die als E-Fuels verwendet werden können. Bei der Methanolsynthese werden Wasserstoff und CO_2 zu Methanol

(CH3OH) umgesetzt, das entweder direkt als Kraftstoff oder als Ausgangsstoff für die Herstellung anderer Kraftstoffe verwendet werden kann.

Katalysatoren

Die Wirksamkeit dieser Syntheseprozesse hängt maßgeblich von den verwendeten Katalysatoren ab. Diese Substanzen beschleunigen die chemischen Reaktionen, ohne selbst verbraucht zu werden. Die Auswahl und Optimierung der Katalysatoren sind daher zentrale Forschungsthemen im Bereich der E-Fuel-Entwicklung.

Die Effizienz der E-Fuel-Herstellung kann durch zahlreiche Variablen beeinflusst werden, wie zum Beispiel die Temperatur, den Druck und das Verhältnis der Reaktanden. Die Optimierung dieser Bedingungen ist mitentscheidend für die Wirtschaftlichkeit und Nachhaltigkeit der E-Fuel-Produktion.

Energiequellen für die Elektrolyse

Die Nachhaltigkeit der E-Fuels hängt stark von der Energiequelle für die Elektrolyse ab. Idealerweise wird hierfür erneuerbare Energie verwendet, um die CO2-Bilanz des gesamten Prozesses zu verbessern.

Die Herstellung von E-Fuels ist energieintensiv, was bedeutet, dass die Auswahl der Energiequellen für ihre Produktion von entscheidender Bedeutung ist. Wenn E-Fuels als nachhaltige Alternative zu fossilen Brennstoffen dienen sollen, muss die Energie für ihre Herstellung idealerweise aus erneuerbaren oder kohlenstoffarmen Quellen stammen.

- **Sonnenenergie:** Sonnenenergie ist eine der vielversprechendsten Energiequellen für die Herstellung von E-Fuels. Durch Photovoltaik-Anlagen oder solarthermische Technologien kann Sonnenenergie in elektrische Energie umgewandelt werden, die dann für die Elektrolyse von Wasser oder die Direktluftabscheidung von CO_2 verwendet werden kann.

- **Windenergie:** Windenergie ist eine weitere erneuerbare Quelle, die in großem Maßstab zur Produktion von elektrischem Strom genutzt werden kann. Insbesondere in Regionen mit hohen und konstanten Windgeschwindigkeiten kann Windenergie eine kosteneffektive Möglichkeit sein, den für die Herstellung von E-Fuels erforderlichen Strom bereitzustellen.

- **Wasserkraft:** Wasserkraft ist eine gut etablierte, erneuerbare Energiequelle. Sie kann genutzt werden, um den elektrischen Strom für die E-Fuel-Produktion zu liefern, vor allem in Regionen mit reichlich Wasserressourcen und entsprechenden topographischen Bedingungen.

- **Geothermie:** In geologisch aktiven Regionen kann geothermische Energie als stabile und kontinuierliche Energiequelle für die E-Fuel-Produktion dienen. Da geothermische Energie im Allgemeinen als kohlenstoffarm gilt, könnte sie dazu beitragen, den CO_2-Fußabdruck des gesamten E-Fuel-Produktionsprozesses zu minimieren.

- **Atomkraft:** Obwohl umstritten, könnte Atomkraft als kohlenstoffarme Energiequelle dienen. Atomkraftwerke können große Mengen an konstantem Strom liefern, was den energieintensiven Prozessen der E-Fuel-Produktion entgegenkommen würde. Allerdings sind die langfristigen Risiken und die Entsorgung des radioaktiven Abfalls wichtige Bedenken.

- **Biomasse und Biogas:** Energie aus Biomasse oder Biogas kann ebenfalls für die Herstellung von E-Fuels verwendet werden. Obwohl diese Quellen als erneuerbar gelten, gibt es Bedenken hinsichtlich der Landnutzung und des Potenzials für negative Umweltauswirkungen, wie die Entwaldung und den Verlust der Artenvielfalt.

- **Überschüssige erneuerbare Energie:** In Szenarien, in denen erneuerbare Energiequellen wie Wind und Sonne mehr Strom produzieren, als gerade benötigt wird, kann diese überschüssige Energie zur Herstellung von E-Fuels genutzt werden. Dadurch würde nicht nur die Energieeffizienz des Gesamtsystems verbessert, sondern auch ein Mechanismus zur Energiespeicherung geschaffen.

Die Wahl der Energiequellen für die E-Fuel-Produktion hängt von einer Reihe von Faktoren ab, einschließlich der geografischen Lage, der Verfügbarkeit bestimmter Ressourcen, der Kosten und der umweltpolitischen

Ziele. Ein Mix aus verschiedenen erneuerbaren und kohlenstoffarmen Energiequellen könnte die beste Strategie sein, um die E-Fuel-Produktion nachhaltig und wirtschaftlich zu gestalten.

Skalierung und Industrialisierung

Es ist nicht nur wichtig, E-Fuels im Labor oder in Pilotanlagen erfolgreich herzustellen, sondern auch die Prozesse so zu skalieren, dass sie industriell umsetzbar sind. Diese Skalierung bringt Herausforderungen wie den Bedarf an großen Reaktoren, das Management von Nebenprodukten und die Logistik der Rohstoffversorgung mit sich.

Die Möglichkeit, E-Fuels und ihre Nebenprodukte in einer Kreislaufwirtschaft wiederzuverwenden, ist ebenfalls von Bedeutung. Beispielsweise könnte überschüssiger Sauerstoff aus der Elektrolyse in anderen industriellen Prozessen genutzt werden.

Die Qualität der E-Fuels ist entscheidend für ihre Akzeptanz und ihre Verwendbarkeit in bestehenden Verbrennungsmotoren. Verschiedene Standards und Tests müssen entwickelt werden, um die Qualität und die Einhaltung von Umweltauflagen zu gewährleisten.

Die wirtschaftliche Rentabilität ist ein entscheidender Faktor für die Verbreitung von E-Fuels. Die Kosten für die Elektrolyse, CO_2-Abscheidung und Syntheseprozesse, einschließlich der erforderlichen Infrastruktur, sind hoch. Förderungen, Steuervorteile oder Emissionshandel könnten zur Wirtschaftlichkeit beitragen.

Ebenso wichtig sind die gesetzlichen Rahmenbedingungen, die die Produktion, den Transport und die Verwendung von E-Fuels regeln. Dies umfasst Genehmigungen, Sicherheitsbestimmungen und möglicherweise auch Handelsbeschränkungen. Dieser gesetzliche Rahmen ist zurzeit noch überhaupt nicht absehbar.

Die Rolle von öffentlich-privaten Partnerschaften könnte ebenfalls ein Element für die erfolgreiche Entwicklung und Einführung von E-Fuels sein. Die Zusammenarbeit von Regierungen, Forschungsinstitutionen und der Industrie kann Synergien schaffen, die einzelne Akteure nicht erreichen könnten.

Da die Herausforderungen des Klimawandels global sind, ist auch die internationale Zusammenarbeit in Forschung und Entwicklung von E-Fuels von Bedeutung. Gemeinsame Standards und Forschungsprojekte können den Fortschritt beschleunigen und dazu beitragen, E-Fuels als nachhaltige Alternative zu fossilen Brennstoffen zu etablieren.

Vom Verbrenner zur Elektromobilität

Die Entwicklung des Verbrennungsmotors war ein wesentliches Element in der industriellen Revolution und hat nachhaltigen Einfluss auf die moderne Welt. Es veränderte die Art, wie Menschen und Güter transportiert werden, und trug zur globalen Wirtschaftsentwicklung bei. Die ersten experimentellen Verbrennungsmotoren entstanden im 17. und 18. Jahrhundert, aber erst mit den Arbeiten von Ingenieuren wie Étienne Lenoir und Nikolaus Otto im 19. Jahrhundert wurden sie kommerziell erfolgreich. Ottos Viertaktmotor, der 1876 patentiert wurde, setzte den Standard für die meisten heutigen Benzinmotoren.

Die Entwicklung des Verbrennungsmotors führte zur Geburt der Automobilindustrie, die wiederum eine starke Auswirkung auf die Wirtschaft hatte. Unternehmen wie Ford nutzten die Massenproduktion, um Autos erschwinglicher zu machen, was eine enorme Veränderung in der Mobilität von Personen und Gütern nach sich zog.

Der Verbrennungsmotor revolutionierte nicht nur den Transport, sondern wurde auch in verschiedenen Industriezweigen eingesetzt. Von der Landwirtschaft bis zur Schifffahrt erlaubte der Motor eine effizientere und flexiblere Produktion. Diese Effizienzsteigerungen waren entscheidend für das rasante wirtschaftliche Wachstum während und nach der industriellen Revolution.

Mit der Verbreitung des Verbrennungsmotors kam es zu erheblichen sozioökonomischen Veränderungen. Die Verstädterung wurde durch die verbesserte Mobilität beschleunigt, da Menschen leichter in Städte ziehen konnten, wo Arbeit durch industrialisierte Produktion reichlich vorhanden war. Gleichzeitig ermöglichte der motorisierte Transport die Entwicklung von Vororten.

Obwohl der Verbrennungsmotor zahlreiche Vorteile mit sich brachte, gab es auch massive negative Umweltauswirkungen. Die Emission von Treibhausgasen und Luftschadstoffen wurde zu einer wachsenden Sorge, besonders im 20. und 21. Jahrhundert, als die Anzahl der Fahrzeuge exponentiell anstieg.

Aufstieg der Elektromobilität und ihr Einfluss auf die Automobilindustrie

Der Aufstieg der Elektromobilität stellt eine signifikante Verschiebung in der Automobilindustrie dar und beeinflusst diese in vielfältiger Weise, von der Produktion über die Infrastruktur bis hin zu Geschäftsmodellen und Verbraucherverhalten.

Die Elektromobilität hat den technologischen Fokus der Automobilindustrie verschoben. Anstelle von Verbrennungsmotoren, Getrieben und Auspuffsystemen liegt das Hauptaugenmerk nun auf Batterietechnologie, elektrischen Motoren und Leistungselektronik. Dies hat auch Auswirkungen auf die Zulieferkette, da klassische Komponenten durch spezialisierte elektrische Teile ersetzt werden.

Die Produktion von Elektrofahrzeugen (EVs) erfordert eine Überarbeitung der Montagelinien und Fertigungsprozesse, was bedeutende Investitionen und strategische Entscheidungen von Autoherstellern erfordert. Zum Beispiel müssen Hersteller entscheiden, ob sie die

Batterieproduktion in-house betreiben oder von Drittanbietern beziehen.

Da Elektroautos weniger wartungsintensiv sind und Software eine wichtigere Rolle spielt, entwickeln sich auch die Geschäftsmodelle weiter. Neben dem Verkauf von Fahrzeugen treten andere Einkommensquellen wie Software-Updates, Energieversorgungsdienstleistungen und Datenanalyse in den Vordergrund.

Die Verbreitung der Elektromobilität erfordert auch massive Infrastrukturinvestitionen, insbesondere im Bereich der Ladeinfrastruktur. Hierbei spielen nicht nur die Hersteller, sondern auch Regierungen, Energieversorger und private Unternehmen eine wichtige Rolle.

Traditionelle Automobilhersteller stehen vor der Herausforderung, ihre Geschäftsmodelle anzupassen, während neue Akteure wie Tesla an Einfluss gewinnen. Dies führt zu einer Umverteilung der Marktanteile und eröffnet Chancen für Start-ups und Technologieunternehmen.

Die Politik hat einen erheblichen Einfluss auf die Akzeptanz von Elektroautos, sei es durch Subventionen, Steuervorteile oder sogar Verbote von Verbrennungsmotoren in einigen Städten oder Ländern. Diese Maßnahmen beschleunigen die Verbreitung der Elektromobilität und erhöhen den Druck auf die Industrie, sich anzupassen.

Auch das Verhalten der Verbraucher ändert sich. Während die Anfangsphasen der Elektromobilität von Skepsis geprägt waren, wird die Akzeptanz durch verbesserte Technologie, sinkende Kosten und erhöhte Umweltbewusstsein stetig größer.

Die Elektromobilität hat nicht nur Auswirkungen auf die Automobilindustrie, sondern auch auf die globale Ölindustrie, die Städteplanung und sogar geopolitische Dynamiken, da die Abhängigkeit von erdölexportierenden Ländern potenziell abnehmen könnte.

Die Batterieproduktion für Elektroautos ist stark abhängig von speziellen Rohstoffen wie Lithium, Kobalt und Nickel. Die Verfügbarkeit und ethische Beschaffung dieser Materialien werden immer wichtiger, insbesondere angesichts der steigenden Nachfrage. Dies beeinflusst die Lieferketten und könnte zu einer geopolitischen Verschiebung der Machtverhältnisse führen.

Mit dem Aufstieg der Elektromobilität wächst auch das Interesse an intermodalen Verkehrslösungen, bei denen Elektroautos mit anderen Verkehrsmitteln wie dem öffentlichen Verkehr oder Fahrrädern kombiniert werden. Automobilhersteller beteiligen sich zunehmend an solchen Lösungen, sei es durch Partnerschaften, Investitionen oder eigene Angebote.

Während die meisten Diskussionen sich auf Personenkraftwagen konzentrieren, wird die Elektrifizierung von Nutzfahrzeugen, wie Lastwagen und Bussen, ebenfalls eine wesentliche Rolle spielen. Die Herausforderungen und Möglichkeiten hier sind spezifisch und bedeutsam, insbesondere in Bezug auf die Logistik und den öffentlichen Verkehr.

Da Batterien eine begrenzte Lebensdauer haben, ist das Thema Second-Life-Nutzung und Recycling ein wachsendes Anliegen. Hier eröffnen sich sowohl Herausforderungen als auch Geschäftsmöglichkeiten, beispielsweise durch die Verwendung alter Batterien in stationären Energiespeichersystemen.

Die Elektromobilität geht häufig Hand in Hand mit anderen disruptiven Technologien wie dem autonomen Fahren und der Vernetzung von Fahrzeugen. Diese Technologien könnten sich gegenseitig verstärken und zu einem noch radikaleren Wandel der Automobilindustrie und der Mobilität im Allgemeinen führen.

Die Einstellung der Verbraucher zur Mobilität und zum Automobilbesitz ist im Wandel begriffen. Das Aufkommen der Elektromobilität könnte auch eine generelle Verschiebung hin zu nachhaltigeren und weniger zentralisierten Formen der Mobilität begünstigen, einschließlich Carsharing und anderen gemeinschaftlich genutzten Mobilitätsformen.

Die Verschiebung hin zur Elektromobilität könnte erhebliche Auswirkungen auf die Arbeitswelt haben, insbesondere durch den Wegfall bestimmter Arbeitsplätze in traditionellen Bereichen der Automobilindustrie und das Entstehen neuer Fachgebiete und Qualifikationsanforderungen.

Umweltauswirkungen von Verbrennungsmotoren

Die Umweltauswirkungen von Verbrennungsmotoren sind vielschichtig und haben über die Jahre zu einer Reihe von ökologischen Herausforderungen beigetragen, die von der lokalen bis zur globalen Ebene reichen.

Luftverschmutzung

Einer der unmittelbarsten und sichtbarsten Effekte von Verbrennungsmotoren ist die Luftverschmutzung. Abgase von Autos, Lkw und anderen Verbrennungsmotorfahrzeugen enthalten eine Vielzahl schädlicher Substanzen wie Stickoxide (NOx), Kohlenwasserstoffe und Partikel, die die Luftqualität beeinträchtigen können. Diese Schadstoffe können zu gesundheitlichen Problemen wie Asthma, Atemwegserkrankungen und Herz-Kreislauf-Problemen führen. Außerdem können sie den sogenannten Smog bilden, der in vielen Großstädten ein Problem darstellt.

Treibhausgasemissionen

Verbrennungsmotoren sind eine wesentliche Quelle für Treibhausgase, insbesondere Kohlendioxid (CO_2). Diese Gase tragen zum globalen Klimawandel bei, der eine Vielzahl von negativen Auswirkungen wie steigende Meeresspiegel, intensivere Wetterextreme und Biodiversitätsverlust hat.

Boden- und Wasserverschmutzung

Die Produktion und der Einsatz von Kraftstoffen für Verbrennungsmotoren können auch zu Boden- und Wasserverschmutzung führen. Dies kann geschehen durch Kraftstoffleckagen, unvollständige Verbrennung oder auch durch die Produktion und Raffinerie von fossilen Brennstoffen.

Lärmverschmutzung

Weniger offensichtlich, aber dennoch relevant, ist die Lärmverschmutzung. Fahrzeuge mit Verbrennungsmotoren tragen zu hohen Lärmpegeln in städtischen Gebieten bei, was sich negativ auf die Lebensqualität auswirken kann.

Ressourcenverbrauch

Die Gewinnung von Rohstoffen für die Herstellung von fossilen Kraftstoffen (Erdöl, Erdgas etc.) hat ihre eigenen Umweltauswirkungen, darunter Landschaftszerstörung und Habitatverlust. Zudem sind diese Ressourcen endlich und ihre Förderung wird im Laufe der Zeit immer aufwendiger und umweltschädlicher.

Globale Umweltauswirkungen

Auf einer globalen Ebene tragen Verbrennungsmotoren zur Erhöhung der atmosphärischen CO_2-Konzentrationen bei, was zu einer Versauerung der Ozeane und zur Beeinträchtigung von Ökosystemen weltweit führt.

Sozioökonomische Faktoren

Schließlich hat der breite Einsatz von Verbrennungsmotoren auch indirekte sozioökonomische Auswirkungen, die wiederum Umweltauswirkungen haben können. Zum Beispiel können schlechte Luftqualität und Lärm Ungleichheiten verschärfen, da benachteiligte Bevölkerungsgruppen oft näher an stark befahrenen Straßen und Industrieanlagen leben.

Die Herausforderung besteht darin, diese vielfältigen Umweltauswirkungen in den Griff zu bekommen, während man gleichzeitig die Vorteile der Mobilität und des Transports, die Verbrennungsmotoren bieten, berücksichtigt. Dies macht die Suche nach nachhaltigen Alternativen und die Verbesserung der bestehenden Technologien zu einer der drängendsten Aufgaben unserer Zeit.

Gesundheitliche Auswirkungen

Die gesundheitlichen Auswirkungen der Verbrennungsmotoren sind ein wichtiges Anliegen und Gegenstand intensiver Forschung. Diese Auswirkungen sind oft eng mit den Umweltauswirkungen verknüpft, da die Emissionen aus Verbrennungsmotoren die Luft-, Wasser- und Bodenqualität beeinflussen können, die wiederum die menschliche Gesundheit direkt und indirekt beeinträchtigen.

Atemwegserkrankungen

Die Emissionen von Stickoxiden (NOx) und flüchtigen organischen Verbindungen (VOCs) tragen zur Bildung von bodennahem Ozon bei, einem starken Atemwegsreizstoff. Langfristige oder wiederholte Exposition gegenüber diesen Chemikalien kann Atemwegserkrankungen wie Asthma, chronische obstruktive Lungenerkrankung (COPD) und Lungenentzündung fördern oder verschlimmern.

Herz-Kreislauf-Erkrankungen

Studien haben einen Zusammenhang zwischen der Exposition gegenüber Verkehrsemissionen und einem erhöhten Risiko für Herz-Kreislauf-Erkrankungen, einschließlich Herzinfarkten, festgestellt. Partikel aus dem Auspuff können in die Blutbahn gelangen und Entzündungen auslösen, die zu Gefäßverengungen und anderen kardiovaskulären Problemen führen können.

Krebsrisiko

Einige Substanzen in den Abgasen, wie Benzol und Formaldehyd, sind krebserregend. Langfristige Exposition gegenüber diesen Chemikalien kann das Risiko für Lungenkrebs und eventuell andere Krebsarten erhöhen.

Neurologische Effekte

Neuere Forschungen weisen darauf hin, dass die Exposition gegenüber Verkehrsemissionen auch neurologische Effekte haben könnte, einschließlich einer Beeinträchtigung der kognitiven Funktion und eines erhöhten Risikos für neurodegenerative Erkrankungen wie Alzheimer und Parkinson.

Geburtliche und Entwicklungsprobleme

Es gibt Hinweise darauf, dass die Exposition gegenüber Verkehrsemissionen während der Schwangerschaft das Risiko für Geburtskomplikationen wie Frühgeburten und niedriges Geburtsgewicht erhöhen kann. Zudem könnten solche Emissionen die kindliche Entwicklung beeinträchtigen, insbesondere die neurologische Entwicklung.

Soziale Ungleichheit in der Gesundheit

Wie bei den Umweltauswirkungen sind auch die gesundheitlichen Auswirkungen oft ungleich verteilt. Benachteiligte Bevölkerungsgruppen, die näher an vielbefahrenen Straßen oder Industriegebieten leben, sind häufig höheren Schadstoffbelastungen ausgesetzt und erleiden daher auch stärkere gesundheitliche Auswirkungen.

Stress und psychologische Auswirkungen

Lärm von Verkehr und Verbrennungsmotoren kann zu Schlafstörungen und Stress führen, was wiederum weitere gesundheitliche Probleme verursachen kann.

Angesichts dieser vielfältigen gesundheitlichen Risiken ist es wichtig, umfassende Strategien zur Reduzierung der Emissionen aus Verbrennungsmotoren zu entwickeln. Dies kann durch technologische Innovationen, Verkehrsplanung, gesetzliche Regulierungen und Sensibilisierung der Öffentlichkeit erreicht werden. Die Einführung sauberer Alternativen wie Elektrofahrzeuge und erneuerbare Kraftstoffe spielt ebenfalls eine entscheidende Rolle bei der Minimierung dieser Risiken.

Langzeitfolgen der Luftverschmutzung

Chronische Atemwegserkrankungen

Die kontinuierliche Exposition gegenüber Luftschadstoffen wie Stickoxiden und Feinstaub kann chronische Atemwegserkrankungen wie Asthma und COPD (chronisch obstruktive Lungenerkrankung) begünstigen oder verschlimmern. Diese Bedingungen können im Laufe der Zeit schwerwiegender werden und die Lebensqualität erheblich beeinträchtigen.

Herz-Kreislauf-Erkrankungen

Langzeitbelastungen durch Luftverschmutzung erhöhen das Risiko für Herz-Kreislauf-Erkrankungen, einschließlich Herzerkrankungen, Schlaganfall und Bluthochdruck. Luftschadstoffe können Entzündungen fördern, die zu Ablagerungen in den Arterien und zu Herzrhythmusstörungen führen können.

Krebs

Langfristige Exposition gegenüber bestimmten Schadstoffen wie Benzol, Formaldehyd und polyzyklischen aromatischen Kohlenwasserstoffen (PAKs) ist mit einem erhöhten Risiko für verschiedene Krebsarten, insbesondere Lungenkrebs, verbunden.

Neurologische Effekte

Es gibt wachsende Beweise dafür, dass langfristige Luftverschmutzung auch neurologische Probleme fördern kann, einschließlich einer erhöhten Inzidenz von Alzheimer, Parkinson und anderen neurodegenerativen Erkrankungen.

Auswirkungen auf die Fortpflanzung und Entwicklung

Schadstoffe in der Luft können Geburtsfehler, Frühgeburten und Entwicklungsauffälligkeiten bei Kindern verursachen. Es besteht auch die Besorgnis, dass Luftverschmutzung hormonelle Störungen hervorrufen könnte, die die Fortpflanzung beeinträchtigen.

Ökologische Langzeitfolgen

Klimawandel

Viele Luftschadstoffe, insbesondere Treibhausgase wie Kohlendioxid, haben langfristige Auswirkungen auf das

Klima. Sie tragen zur globalen Erwärmung bei und verstärken extreme Wetterereignisse.

Boden- und Wasserverschmutzung

Luftschadstoffe können auch zu Boden und Wasser abregnen und dort Ökosysteme schädigen. Beispielsweise kann saurer Regen, der durch Schwefeldioxid und Stickoxide verursacht wird, Gewässer übersäuern und Pflanzen schädigen.

Ökonomische Langzeitfolgen

Gesundheitskosten

Die Behandlung von Krankheiten, die durch Luftverschmutzung verursacht oder verschlimmert werden, führt zu enormen direkten und indirekten Kosten für das Gesundheitssystem und die Gesellschaft insgesamt.

Produktivitätsverlust

Krankheiten und Frühversterblichkeit durch Luftverschmutzung führen zu Produktivitätsverlusten, was sich negativ auf die Wirtschaft auswirkt.

Schäden an Ökosystemen

Die langfristige Belastung von Ökosystemen durch Luftverschmutzung kann auch wirtschaftliche Konsequenzen haben, etwa durch Ernteausfälle oder durch den

Verlust von Biodiversität, die für viele Industriezweige wichtig ist.

Psychologische Langzeitfolgen

Luftverschmutzung hat auch potenzielle Auswirkungen auf die psychische Gesundheit. Verschiedene Studien haben Hinweise auf einen Zusammenhang zwischen hoher Luftverschmutzung und erhöhten Raten von Angststörungen, Depressionen und anderen psychischen Erkrankungen gefunden.

Generationsübergreifende Auswirkungen

Einige Forschungen deuten darauf hin, dass die Auswirkungen der Luftverschmutzung nicht nur die unmittelbar exponierten Personen betreffen, sondern auch nachfolgende Generationen. Beispielsweise können schädliche Effekte auf die Fortpflanzungsfähigkeit oder die frühkindliche Entwicklung zu gesundheitlichen Problemen in späteren Generationen führen.

Immunitätsprobleme

Langfristige Exposition gegenüber Luftschadstoffen kann das Immunsystem schwächen, was die Anfälligkeit für Infektionskrankheiten erhöht und die Fähigkeit des Körpers, sich selbst zu heilen, beeinträchtigen kann.

Lebensqualität und soziale Ungleichheit

Luftverschmutzung kann die Lebensqualität erheblich beeinträchtigen, insbesondere in dicht besiedelten städtischen Gebieten. Darüber hinaus ist Luftverschmutzung oft ein Problem der sozialen Ungleichheit, da benachteiligte Gemeinschaften in der Regel stärker exponiert sind.

Wechselwirkungen mit anderen Umweltfaktoren

Die Langzeitfolgen der Luftverschmutzung können durch Wechselwirkungen mit anderen Umweltfaktoren, wie z.B. Lärmbelastung oder Wasserqualität, verstärkt werden. Dieser synergistische Effekt kann die gesundheitlichen Auswirkungen erheblich verschlimmern.

Politische und regulatorische Implikationen

Angesichts der weitreichenden Langzeitfolgen wird deutlich, dass gesetzliche Maßnahmen dringend benötigt werden. Dies kann von Emissionsstandards für die Industrie und den Verkehr bis hin zu Steuern oder Verboten für besonders schädliche Praktiken reichen.

Technologische Innovationen

Die Langzeitfolgen der Luftverschmutzung treiben auch die Suche nach technologischen Lösungen an. Von verbesserten Filtertechnologien über "grüne" städtische Planung bis hin zur Entwicklung sauberer Energiequellen sind zahlreiche Innovationsmöglichkeiten vorhanden, die potenziell die Auswirkungen minimieren könnten.

Globalisierung der Problematik

Luftverschmutzung ist ein globales Problem, und ihre Langzeitfolgen können grenzüberschreitende Auswirkungen haben. Internationale Zusammenarbeit ist daher entscheidend, um die Herausforderung effektiv anzugehen.

Diese ergänzenden Punkte verdeutlichen die Komplexität und Vielschichtigkeit der Langzeitfolgen der Luftverschmutzung. Es ist eine multidisziplinäre Angelegenheit, die konzertierte Anstrengungen auf lokaler, nationaler und internationaler Ebene erfordert, um sowohl die Ursachen als auch die Auswirkungen effektiv zu bekämpfen.

Ökologische Fußabdrücke

Einfluss auf die Erderwärmung und das Klima

Der Einfluss der Luftverschmutzung auf die Erderwärmung und das Klima ist ein Thema, das von vielen Wissenschaftlern, Politikern und Umweltschützern weltweit untersucht wird. Luftschadstoffe, insbesondere Treibhausgase wie Kohlendioxid (CO_2), Methan (CH_4) und Lachgas (N_2O), spielen eine entscheidende Rolle bei der Verstärkung des Treibhauseffekts und damit bei der globalen Erwärmung. Darüber hinaus haben auch

andere Luftschadstoffe, die nicht direkt als Treibhausgase klassifiziert sind, wie etwa Rußpartikel und bestimmte Aerosole, klimarelevante Auswirkungen.

Treibhauseffekt und Global Warming Potential (GWP)

Die o.g. Treibhausgase haben unterschiedliche Global
Warming Potentials (GWP), ein Maß dafür, wie viel
Wärme ein Gas im Vergleich zu Kohlendioxid über einen bestimmten Zeitraum in der Atmosphäre halten
kann. Methan hat beispielsweise ein deutlich höheres
GWP als CO_2, obwohl es in geringeren Mengen vorkommt. Diese Gase tragen zur Verdickung der "Treib-
hausgasschicht" in der Atmosphäre bei, wodurch weniger Wärme von der Erde ins All entweichen kann. Das
Ergebnis ist eine allgemeine Erwärmung des Planeten.

Extreme Wetterereignisse

Die globale Erwärmung, die durch erhöhte Konzentrati-
onen von Treibhausgasen verursacht wird, hat das Potenzial, extreme Wetterereignisse wie Hurrikane, Dür-
ren und Überschwemmungen häufiger und intensiver
zu machen. Dies kann verheerende Auswirkungen auf
menschliche Siedlungen und Ökosysteme haben.

Verschiebungen in Klimazonen und Ökosystemen

Die Erwärmung des Planeten kann zu Verschiebungen in den Klimazonen führen, was sich wiederum auf die Landwirtschaft und die natürlichen Ökosysteme auswirken kann. In einigen Fällen könnten Arten, die an ein bestimmtes Klima angepasst sind, gefährdet sein, was zu einer Verringerung der Biodiversität führt.

Erhöhung des Meeresspiegels

Die globale Erwärmung führt zur Ausdehnung der Ozeane und zum Abschmelzen von Gletschern und Eisschilden, was einen Anstieg des Meeresspiegels zur Folge hat. Dies bedroht Küstengebiete und kann sogar ganze Inselnationen unbewohnbar machen.

Säuregehalt der Ozeane

CO_2 wird nicht nur in der Atmosphäre, sondern auch in den Weltmeeren gespeichert, wo es mit Wasser zu Kohlensäure reagiert. Eine Zunahme des CO_2-Gehalts in den Ozeanen führt zu einer Versauerung des Wassers, was schädliche Auswirkungen auf marine Ökosysteme, insbesondere auf Korallenriffe, haben kann.

Sozioökonomische Auswirkungen

Die Auswirkungen auf das Klima haben auch sozioökonomische Konsequenzen, darunter Migration durch Klimaflucht, Verlust von landwirtschaftlicher

Produktivität und erhöhte Kosten für die Anpassung an die neuen klimatischen Bedingungen.

Politische und ethische Dimensionen

Die Klimaauswirkungen der Luftverschmutzung haben auch eine starke politische und ethische Dimension. Da die Hauptemittenten oft wirtschaftlich fortgeschrittene Länder sind, während die am stärksten betroffenen Gebiete meist weniger entwickelte Regionen sind, stellt dies ein ernsthaftes Problem der globalen Gerechtigkeit dar.

Angesichts der gravierenden und weitreichenden Auswirkungen der Luftverschmutzung auf die Erderwärmung und das Klima ist es dringend erforderlich, dass sowohl einzelne Staaten als auch die internationale Gemeinschaft entschlossene Maßnahmen ergreifen, um den Ausstoß von klimarelevanten Schadstoffen drastisch zu reduzieren.

Auswirkungen auf Ökosysteme und Artenvielfalt

Die Auswirkungen der Luftverschmutzung auf Ökosysteme und Artenvielfalt sind ebenso komplex wie alarmierend. Die verschiedenen Formen der Luftverschmutzung können eine ganze Reihe negativer Konsequenzen für die natürliche Umwelt haben, von der Versauerung von Böden und Gewässern bis hin zur direkten Toxizität für bestimmte Pflanzen- und Tierarten.

Versauerung von Böden und Gewässern

Schwefel- und Stickoxide, die bei der Verbrennung fossiler Brennstoffe freigesetzt werden, können sich in der Atmosphäre zu Schwefel- und Salpetersäure umwandeln. Diese können dann als saurer Regen auf die Erde fallen und sowohl Böden als auch Gewässer versauern. Dies hat eine Reihe negativer Effekte, einschließlich einer Abnahme der Bodenfruchtbarkeit und des Fischbestands in betroffenen Gewässern.

Direkte Toxizität

Einige Luftschadstoffe wie Schwermetalle und flüchtige organische Verbindungen sind direkt toxisch für Pflanzen und Tiere. Sie können in den Boden gelangen und von dort aus in die Nahrungskette. Dies kann eine Abnahme der Artenvielfalt und eine Verschiebung des Gleichgewichts von Ökosystemen zur Folge haben.

Eutrophierung

Stickstoffverbindungen, die aus landwirtschaftlichen Quellen und Verbrennungsprozessen stammen, können zur Eutrophierung von Gewässern beitragen. Dies führt zu einem übermäßigen Wachstum von Algen, was wiederum die Sauerstoffkonzentration im Wasser reduzieren und so für Fische und andere aquatische Organismen tödlich sein kann.

Verschiebungen in Pflanzengemeinschaften

Die Auswirkungen der Luftverschmutzung auf die Vegetation können auch zu Verschiebungen in Pflanzengemeinschaften führen. Einige Pflanzenarten sind resistenter gegen bestimmte Arten von Luftverschmutzung, und ihre Dominanz in einem bestimmten Ökosystem kann zur Verdrängung empfindlicherer Arten führen, was die gesamte Biodiversität verringert.

Stress und Krankheitsanfälligkeit

Luftverschmutzung kann auch den Stresslevel von Wildtieren erhöhen und ihre Anfälligkeit für Krankheiten steigern. Dies hat eine Abnahme der Fortpflanzungsraten zur Folge und kann das Überleben bestimmter Arten gefährden.

Barrieren für Tiermigration

Luftverschmutzung kann auch indirekte Auswirkungen auf die Tierwelt haben, indem sie natürliche Migrationsrouten beeinflusst. Verschmutzte Gebiete können für Tiere unpassierbar werden, was wiederum die genetische Vielfalt beeinträchtigen und das Aussterben von Populationen beschleunigen kann.

Potenzielle Verschärfung durch den Klimawandel

Der Klimawandel könnte die Auswirkungen der Luftverschmutzung auf Ökosysteme und die Artenvielfalt

weiter verschärfen, indem er neue Stressfaktoren ein-
führt, wie z.B. erhöhte Temperaturen und veränderte
Niederschlagsmuster, die die Anfälligkeit von Pflanzen
und Tieren für Luftschadstoffe erhöhen könnten.

Internationale und interdisziplinäre Anstrengungen

Angesichts der globalen Natur dieser Herausforderungen sind internationale und interdisziplinäre Anstrengungen erforderlich, um die Auswirkungen der Luftverschmutzung auf Ökosysteme und Artenvielfalt zu verstehen und zu mitigieren.

In Anbetracht der Schwere und des Umfangs der potenziellen Auswirkungen ist es klar, dass dringende und koordinierte Maßnahmen erforderlich sind, um die Luftverschmutzung und ihre katastrophalen Konsequenzen für Ökosysteme und Artenvielfalt weltweit zu reduzieren.

Alternative Antriebsformen

Elektromobilität

Die Elektromobilität ist eine der wichtigsten alternativen Antriebsformen und stellt eine ernsthafte Option dar, um die Auswirkungen konventioneller Verbrennungsmotoren auf die Umwelt zu reduzieren. Obwohl

Elektroautos noch nicht perfekt sind und ihre eigenen Herausforderungen mit sich bringen, bieten sie viele Vorteile in Bezug auf die Verringerung der Treibhausgasemissionen und der Luftverschmutzung. Im Folgenden wird eine detaillierte Diskussion der verschiedenen Aspekte der Elektromobilität präsentiert:

Reduzierung von Treibhausgasemissionen und Luftschadstoffen

Eine der deutlichsten Vorteile von Elektroautos besteht in ihrer Fähigkeit, die Emissionen von Treibhausgasen und anderen Luftschadstoffen erheblich zu reduzieren. Im Gegensatz zu Verbrennungsmotoren, die fossile Brennstoffe verbrennen und dabei CO_2, Stickoxide und Partikel in die Atmosphäre abgeben, sind Elektroautos in der Lage, emissionsfrei zu fahren, wenn sie mit Strom aus erneuerbaren Quellen geladen werden.

Energieeffizienz

Elektroautos sind im Allgemeinen effizienter als ihre Verbrenner-Pendants. Sie können einen größeren Prozentsatz der im Akku gespeicherten Energie in nutzbare mechanische Energie umwandeln. Dies macht sie wirtschaftlicher im Betrieb und reduziert den Gesamtenergieverbrauch.

Flexibilität bei der Energiequelle

Eine der attraktiven Eigenschaften der Elektromobilität ist die Fähigkeit, verschiedene Energiequellen für den Antrieb zu nutzen. Obwohl der Strom für Elektroautos oft aus fossilen Brennstoffen stammt, kann er auch aus erneuerbaren Quellen wie Sonne, Wind und Wasser gewonnen werden, was die Umweltauswirkungen weiter minimiert.

Verbesserung der Luftqualität in städtischen Gebieten

Die Verwendung von Elektroautos kann die Luftqualität in dicht besiedelten städtischen Gebieten erheblich verbessern, da sie keine schädlichen Stickoxide oder Partikel emittieren. Dies hat positive Auswirkungen auf die öffentliche Gesundheit, insbesondere in Bezug auf Atemwegserkrankungen.

Herausforderungen und Nachteile

Trotz der Vorteile gibt es auch Herausforderungen, die überwunden werden müssen. Dazu gehören die Reichweite der Batterien, die Ladeinfrastruktur und die Umweltauswirkungen der Batterieproduktion selbst. Darüber hinaus ist der Zugang zu seltenen Metallen für die Batterien ein ethisches und geopolitisches Problem.

Entwicklung der Infrastruktur

Der Erfolg der Elektromobilität hängt auch von der Entwicklung einer umfassenden und benutzerfreundlichen Ladeinfrastruktur ab. Dies erfordert sowohl private als auch öffentliche Investitionen und die Implementierung von Politiken, die den Übergang zu Elektroautos erleichtern.

Gesamtwirtschaftliche Auswirkungen

Die Verlagerung zur Elektromobilität wird auch erhebliche wirtschaftliche Auswirkungen haben. Dies umfasst den möglichen Verlust von Arbeitsplätzen in traditionellen Automobilsektoren, aber auch die Schaffung neuer Arbeitsplätze in Bereichen wie Batterieproduktion, Elektromotorenherstellung und erneuerbare Energien.

Politische und gesellschaftliche Akzeptanz

Die Umstellung auf Elektroautos ist nicht nur eine technische, sondern auch eine soziale und politische Herausforderung. Die öffentliche Akzeptanz und die Politik spielen eine entscheidende Rolle bei der Geschwindigkeit und dem Ausmaß des Übergangs.

Technologie hinter Elektrofahrzeugen

Die Technologie hinter Elektrofahrzeugen ist komplex und schnelllebig, aber sie stützt sich auf eine Reihe grundlegender Komponenten und Prinzipien. Das

Verständnis dieser Technologie ist entscheidend, um die Vorteile und Herausforderungen von Elektrofahrzeugen vollständig zu erfassen.

Elektrische Antriebsstrang

Im Zentrum eines jeden Elektrofahrzeugs steht der elektrische Antriebsstrang, der im Wesentlichen aus dem Elektromotor und dem Leistungselektroniksystem besteht. Im Gegensatz zu Verbrennungsmotoren, die mechanische Energie durch die Verbrennung von Kraftstoff erzeugen, nutzen Elektromotoren elektrische Energie aus einer Batterie, um ein Drehmoment zu erzeugen, das die Räder antreibt.

Batterietechnologie

Die Batterie ist das Herzstück eines Elektroautos und dient als Energiespeicher. Lithium-Ionen-Batterien sind derzeit der Standard in der Industrie, obwohl Forschung und Entwicklung in neuen Technologien wie Feststoffbatterien und Lithium-Schwefel-Batterien stattfinden. Batterien variieren in ihrer Kapazität, Energiedichte und Lade-/Entladezyklen, und diese Faktoren haben direkte Auswirkungen auf die Reichweite, die Leistung und die Lebensdauer des Elektroautos.

Ladesysteme

Die Infrastruktur zum Laden von Elektroautos ist ein weiterer kritischer Aspekt der Technologie. Es gibt verschiedene Arten von Ladestationen, von einfachen Heimladestationen bis hin zu komplexen, superschnellen öffentlichen Ladestationen. Die Ladezeit hängt von der Kapazität der Batterie und der Geschwindigkeit des Laders ab. Drahtloses Laden ist ebenfalls in der Entwicklung und könnte in Zukunft eine praktikable Option sein.

Energiemanagementsystem

Ein ausgeklügeltes Energiemanagementsystem steuert die Zuteilung und Nutzung der elektrischen Energie im Fahrzeug. Es überwacht den Batteriestatus, optimiert die Energieverteilung und stellt sicher, dass alle elektrischen Komponenten, von der Klimaanlage bis zum Antriebsstrang, effizient arbeiten.

Regeneratives Bremssystem

Die meisten Elektrofahrzeuge verfügen über ein regeneratives Bremssystem, das beim Bremsen oder im Schubbetrieb Energie zurückgewinnt. Dieses System verwandelt das Fahrzeug in einen Generator, der elektrische Energie erzeugt und sie in der Batterie speichert, was die Gesamteffizienz des Fahrzeugs verbessert.

Software und Vernetzung

Moderne Elektroautos sind stark von Software abhängig, die alles steuert, von der Leistung des Antriebsstrangs bis hin zur Nutzererfahrung. Viele Elektroautos bieten auch erweiterte Vernetzungsfunktionen, einschließlich Echtzeit-Überwachung des Batteriestatus, Fernbedienungsfunktionen und sogar autonome Fahrfähigkeiten.

Materialien und Gewicht

Das Gewicht und die Materialien des Fahrzeugs spielen ebenfalls eine wichtige Rolle bei der Effizienz. Leichtere Materialien wie Aluminium und Kohlefaser werden oft verwendet, um das Gesamtgewicht zu reduzieren und die Energieeffizienz zu erhöhen, obwohl sie in der Regel teurer sind.

Insgesamt ist die Technologie hinter Elektrofahrzeugen eine spannende und sich schnell entwickelnde Landschaft, die das Potenzial hat, die Art und Weise, wie wir uns fortbewegen, dramatisch zu verändern. Sie bietet erhebliche Vorteile in Bezug auf Umweltschutz und Energieeffizienz, steht jedoch auch vor einer Reihe von technischen, infrastrukturellen und wirtschaftlichen Herausforderungen, die gelöst werden müssen.

Aktuelle Herausforderungen wie Reichweite und Ladeinfrastruktur

Die wachsende Popularität von Elektrofahrzeugen (EVs) hat zwar viele positive Auswirkungen, steht jedoch auch vor einer Reihe von Herausforderungen. Zu den drängendsten zählen die Reichweite der Fahrzeuge und die Verfügbarkeit einer robusten Ladeinfrastruktur.

Reichweitenangst

Die sogenannte "Reichweitenangst" ist ein verbreitetes Phänomen, bei dem potenzielle EV-Besitzer zögern, ein Elektroauto zu kaufen, aus Angst, die Batterie könnte auf einer längeren Fahrt leer werden. Obwohl die Reichweite moderner EVs stetig zunimmt und viele Modelle jetzt Distanzen von über 500 Kilometern mit einer einzigen Ladung bewältigen können, bleibt die Reichweite ein zentraler Faktor, der die breite Akzeptanz von Elektroautos zum Teil irrational beeinträchtigt.

Ladeinfrastruktur

Die Verfügbarkeit und Zugänglichkeit von Ladestationen ist ein weiteres kritisches Element. Insbesondere in ländlichen Gebieten oder Regionen, die bisher wenig in erneuerbare Energien investiert haben, kann die Ladeinfrastruktur unzureichend sein. Auch die Art der verfügbaren Ladestationen variiert; während schnelle DC-Ladestationen ein Auto in etwa 20 Minuten auf 80% aufladen können, dauert es bei langsameren AC-Ladestationen mehrere Stunden. Dies kann die Praktikabilität von Elektroautos für lange Reisen oder für Menschen ohne festen Wohnsitz erschweren.

Ladezeiten

Obwohl Schnellladestationen immer häufiger werden, sind sie teurer zu installieren und zu betreiben. Die meisten Haushalte verfügen über langsamere

Lademöglichkeiten, die mehrere Stunden in Anspruch nehmen können. Dies ist für Tagespendler vielleicht kein Problem, kann jedoch für Menschen, die schnelle Flexibilität benötigen oder keinen einfachen Zugang zu einer Heimladestation haben, eine Herausforderung darstellen.

Standardisierung

Ein weiteres Problem ist die mangelnde Standardisierung bei Ladeanschlüssen und -technologien. Verschiedene Autohersteller setzen auf unterschiedliche Systeme, was die Interoperabilität behindern kann. Ein universelles, standardisiertes System würde das Leben für EV-Besitzer erheblich erleichtern.

Kosten und Zugang

Obwohl die Preise für Elektrofahrzeuge fallen, bleiben sie in der Regel teurer als ihre Benzinäquivalente, insbesondere für Modelle mit höherer Reichweite. Erschwinglichkeit und Zugang sind also weitere Herausforderungen, die gemeistert werden müssen, um die Massenadoption von Elektrofahrzeugen zu fördern.

Verteilungsnetz und Stromerzeugung

Schließlich ist auch die Frage der Stromerzeugung und -verteilung von Bedeutung. Die massenhafte Umstellung auf Elektrofahrzeuge würde einen erheblichen Anstieg des Strombedarfs bedeuten, und es ist entscheidend, dass diese Energie aus nachhaltigen Quellen stammt, um die potenziellen Vorteile für den Klimawandel voll auszuschöpfen.

Zusammenfassend erfordert die Überwindung dieser Herausforderungen koordinierte Anstrengungen von Regierungen, der Industrie und der Öffentlichkeit. Technologische Innovation, Infrastrukturinvestitionen, politische Anreize und Verbraucherbildung sind entscheidende Faktoren, die zusammenwirken müssen, um die aktuellen Herausforderungen zu bewältigen und den Weg für die breite Einführung von Elektrofahrzeugen zu ebnen.

Wasserstoff

Wasserstoff wird als eine der vielversprechenden alternativen Antriebsformen für Fahrzeuge angesehen, insbesondere wegen seiner potenziellen Fähigkeit, hohe Energiedichten zu speichern und schnell betankt zu werden. Aber trotz dieser Vorteile steht die Wasserstofftechnologie vor einer Reihe von Herausforderungen und Überlegungen, die sie von anderen Alternativen wie batterieelektrischen Fahrzeugen unterscheiden.

Technologie hinter Wasserstoff-Fahrzeugen

Wasserstoffautos nutzen Brennstoffzellen, um elektrische Energie zu erzeugen. In einer Brennstoffzelle reagiert Wasserstoffgas mit Sauerstoff aus der Luft, um Wasser zu erzeugen. Bei diesem Prozess wird elektrische Energie freigesetzt, die dann genutzt werden kann, um einen Elektromotor anzutreiben. Im Vergleich zu batterieelektrischen Fahrzeugen können Wasserstoffautos in wenigen Minuten betankt werden und bieten oft eine höhere Reichweite.

Infrastruktur

Eine der größten Herausforderungen für die Verbreitung von Wasserstofffahrzeugen ist die begrenzte Infrastruktur. Es gibt derzeit weit weniger Wasserstofftankstellen als herkömmliche Tankstellen oder Elektroladestationen. Der Aufbau dieser Infrastruktur ist teuer und komplex, vor allem weil Wasserstoff unter hohem Druck oder bei extrem niedrigen Temperaturen gelagert werden muss.

Produktion von Wasserstoff

Die Herstellung von Wasserstoff ist ein weiterer kritischer Punkt. Derzeit wird der Großteil des kommerziell erhältlichen Wasserstoffs aus fossilen Brennstoffen wie Erdgas hergestellt, was die Umweltvorteile deutlich mindert. Es gibt zwar auch "grünen Wasserstoff", der durch Elektrolyse von Wasser mit erneuerbaren Energien hergestellt wird, aber diese Methode ist teurer und steht noch nicht im großen Maßstab zur Verfügung.

Kosten

Wasserstofffahrzeuge und die zugehörige Infrastruktur sind im Allgemeinen teurer als ihre batterieelektrischen Pendants. Obwohl die Kosten für Brennstoffzellen und Wasserstoffproduktion mit der Zeit sinken könnten, bleibt dies eine signifikante Hürde für die allgemeine Akzeptanz.

Energieeffizienz

Von der Produktion bis zur Nutzung ist der gesamte Energiezyklus von Wasserstoff weniger effizient als der von Batterien. Bei der Herstellung, Lagerung und Umwandlung von Wasserstoff in elektrische Energie treten Energieverluste auf, was ihn im Vergleich zu direkten elektrischen Systemen weniger effizient macht.

Sicherheitsbedenken

Wasserstoff ist ein hochentzündliches Gas, und während strenge Sicherheitsmaßnahmen für den Umgang und die Lagerung entwickelt wurden, bleiben Sicherheitsbedenken ein Thema, das weiterhin sorgfältig betrachtet werden muss.

Politische und gesellschaftliche Faktoren

Schließlich spielen auch politische Willensbildung, Subventionen und die öffentliche Wahrnehmung eine wichtige Rolle bei der Zukunft von Wasserstoff als Kraftstoffalternative. Ein koordinierter Ansatz von Regierungen und Industrien ist erforderlich, um Investitionen in Forschung und Entwicklung sowie den Aufbau einer nachhaltigen Infrastruktur zu fördern.

Trotz dieser Herausforderungen bietet Wasserstoff eine spannende Möglichkeit als saubere Energiequelle, insbesondere für Anwendungen, bei denen Batterien weniger praktikabel sind, wie etwa im Schwerlastverkehr, im Schiffsverkehr oder in der Luftfahrt. Mit fortschreitender Forschung und Entwicklung könnte Wasserstoff eine Schlüsselrolle in einer vielfältigen Palette von nachhaltigen Transportoptionen spielen.

Funktionsweise von Brennstoffzellen

Die Funktionsweise von Brennstoffzellen ist ein Zusammenspiel von Chemie und Elektrotechnik. Im Kern ist eine Brennstoffzelle ein elektrochemischer Energiewandler, der die chemische Energie eines Brennstoffes und eines Oxidationsmittels direkt in elektrische Energie umwandelt. Im Gegensatz zu Verbrennungsmotoren, die thermische Energie durch Verbrennung erzeugen und diese dann in mechanische Arbeit umwandeln, erfolgt der Prozess in der Brennstoffzelle weitgehend ohne bewegliche Teile und ist dadurch effizienter.

Grundlegende Komponenten

Eine typische Brennstoffzelle besteht aus zwei Elektroden, der Anode und der Kathode, sowie einem Elektrolyten, der die Elektroden voneinander trennt. Die

Elektroden sind in der Regel aus einem porösen Material gefertigt, das mit einem Katalysator beschichtet ist.

Anoden-Seite

Auf der Anodenseite wird der Brennstoff, in der Regel Wasserstoff, zugeführt. Der Katalysator an der Anode beschleunigt die Zersetzung des Wasserstoffmoleküls in Protonen (H+) und Elektronen (e-). Diese Zersetzung ist eine Oxidationsreaktion.

Elektrolyt

Der Elektrolyt ist das Herzstück der Zelle. Er lässt nur Protonen durch und blockiert Elektronen, die daher einen externen elektrischen Stromkreis durchlaufen müssen, um zur Kathode zu gelangen. Dieser externe Kreislauf ist es, der die elektrische Arbeit leistet, beispielsweise einen Elektromotor antreibt.

Kathoden-Seite

An der Kathode wird ein Oxidationsmittel, oft einfach Sauerstoff aus der Luft, zugeführt. Die Elektronen, die durch den externen Stromkreis fließen, treffen hier auf die Kathode und reagieren mit den Sauerstoffmolekülen und den durch den Elektrolyten durchgelassenen Protonen. Dies führt zur Bildung von Wasser, was eine Reduktionsreaktion ist.

Gesamtreaktion

Die Gesamtreaktion in der Brennstoffzelle ist also die Kombination der Oxidation von Wasserstoff an der Anode und der Reduktion von Sauerstoff an der Kathode, die gemeinsam Wasser erzeugen. Der Vorteil dieses Prozesses ist, dass er mit einer sehr hohen Effizienz ablaufen kann und die einzigen "Abfallprodukte" Wasser und Wärme sind.

Elektrische Arbeit

Die Elektronen, die von der Anode zur Kathode fließen, können dazu verwendet werden, elektrische Arbeit zu verrichten, z. B. einen Elektromotor zu betreiben oder eine Batterie aufzuladen. Dies macht Brennstoffzellen zu einer attraktiven Option für eine Vielzahl von Anwendungen, von Automobilen über tragbare Stromgeneratoren bis hin zu großen Kraftwerken.

Herausforderungen

Zu den Herausforderungen bei Brennstoffzellen gehören die Notwendigkeit für teure Katalysatoren (oftmals werden Edelmetalle wie Platin verwendet), Probleme mit der Langzeitstabilität und Leistungsfähigkeit, sowie der Bedarf an reinem Wasserstoff, der oft aus fossilen Brennstoffen gewonnen wird.

Die laufende Forschung in diesem Bereich zielt darauf ab, diese Herausforderungen zu überwinden, indem etwa günstigere Katalysatoren entwickelt, die

Lebensdauer der Zellen verlängert oder effizientere Methoden zur Wasserstofferzeugung erforscht werden.

Insgesamt bieten Brennstoffzellen eine vielversprechende Technologie für eine nachhaltigere Energiezukunft, insbesondere in Anwendungen, bei denen hohe Energiedichte und schnelles Aufladen erforderlich sind.

Herausforderungen bei der Produktion und Speicherung von Wasserstoff

Die Produktion und Speicherung von Wasserstoff stellen eine Reihe von technischen, wirtschaftlichen und umweltbezogenen Herausforderungen dar, die für die breite Akzeptanz und Anwendung dieser Technologie entscheidend sind.

Produktion von Wasserstoff

- **Energieaufwand:** Wasserstoff wird hauptsächlich durch Dampfreformierung von Erdgas und durch Elektrolyse von Wasser hergestellt. Beide Methoden sind energieintensiv, was die Gesamteffizienz des Prozesses beeinträchtigt.
- **CO2-Emissionen:** Die Dampfreformierung von Erdgas ist derzeit die wirtschaftlichste Methode zur Wasserstoffproduktion, führt jedoch zur Freisetzung von großen Mengen an CO2. Dies widerspricht dem Ziel, eine nachhaltige und umweltfreundliche Energiequelle zu schaffen.

- **Kosten für grünen Wasserstoff:** Grüner Wasserstoff, der durch Elektrolyse mit Strom aus erneuerbaren Energiequellen hergestellt wird, ist derzeit teurer als grauer oder blauer Wasserstoff, der aus fossilen Brennstoffen gewonnen wird.
- **Skalierbarkeit:** Die Produktion von grünem Wasserstoff muss in einem sehr großen Maßstab erfolgen, um wettbewerbsfähig zu sein. Dies erfordert erhebliche Investitionen in Infrastruktur und Technologie.

Speicherung von Wasserstoff

- **Druck und Temperatur:** Wasserstoff hat eine geringe Energiedichte pro Volumeneinheit, was die Speicherung und den Transport schwierig macht. Er muss entweder unter hohem Druck komprimiert oder auf extrem niedrige Temperaturen abgekühlt werden, um in flüssiger Form gespeichert zu werden. Beide Methoden sind energetisch teuer.
- **Materialherausforderungen:** Aufgrund seiner geringen Molekülgröße und hohen Reaktivität kann Wasserstoff viele Materialien embritteln, was die Auswahl der Materialien für Tanks und Rohrleitungen einschränkt.
- **Sicherheit:** Wasserstoff ist leicht entflammbar und bildet mit Luft explosive Gemische. Obwohl Wasserstoff in vielen industriellen Prozessen

sicher gehandhabt wird, erfordert die Massenspeicherung strenge Sicherheitsvorkehrungen.

- **Transport:** Da Wasserstoffgas voluminös ist, sind die Kosten für den Transport über weite Strecken hoch. Es muss entweder in speziellen Pipelines transportiert werden, was eine neue Infrastruktur erfordert, oder in Form von Flüssiggas in speziellen Tankwagen, was wiederum energetisch teuer ist.

- **Lagerstätten:** Für die großflächige Nutzung von Wasserstoff als Energiequelle wäre eine sehr große Speicherkapazität erforderlich, die entweder oberirdisch in Tanks oder unterirdisch in geologischen Formationen realisiert werden könnte. Beides stellt eigene Herausforderungen dar, darunter Landnutzung, Kosten und Umweltauswirkungen.

Diese Herausforderungen sind nicht unüberwindbar, und es gibt laufende Forschungs- und Entwicklungsarbeiten, um sie zu adressieren. Dazu gehören die Entwicklung effizienterer Elektrolysemethoden, die Erforschung von Materialien für die Wasserstoffspeicherung, die Optimierung von Transportmethoden und die Entwicklung sicherer und kostengünstiger Speichersysteme. Die Bewältigung dieser Herausforderungen ist jedoch entscheidend für die erfolgreiche Integration von Wasserstoff in das globale Energiesystem.

E-Fuels als Lösung?

E-Fuels werden als eine potenzielle Lösung für viele der Herausforderungen angesehen, die mit der Nutzung von fossilen Brennstoffen und der Speicherung von erneuerbaren Energien verbunden sind. Im Kontext der Automobilindustrie könnten E-Fuels insbesondere eine wichtige Rolle für die Zukunft von Verbrennungsmotoren spielen.

Vorteile von E-Fuels

- **Kompatibilität mit bestehender Infrastruktur:** Einer der großen Vorteile von E-Fuels ist, dass sie ohne große Anpassungen in bestehenden Verbrennungsmotoren und Infrastrukturen wie Tankstellen eingesetzt werden können. Dies könnte den Übergang zu nachhaltigeren Kraftstoffen erheblich erleichtern.
- **Verringerung der CO2-Emissionen:** E-Fuels können aus CO2 hergestellt werden, das aus der Atmosphäre oder aus industriellen Prozessen abgeschieden wird. Wenn der für die Produktion verwendete Strom aus erneuerbaren Quellen stammt, könnte der gesamte Prozess weitgehend CO2-neutral sein.
- **Energiedichte:** E-Fuels bieten eine hohe Energiedichte und können somit eine attraktive Option für Anwendungen sein, bei denen dies erforderlich ist, wie z.B. im Luftverkehr oder im Schwerlastverkehr.

- **Speicherung von erneuerbaren Energien:** E-Fuels können als Langzeitspeicher für erneuerbare Energien dienen, da sie die Umwandlung von überschüssigem Strom in chemische Energie ermöglichen, die dann gespeichert und transportiert werden kann.

Herausforderungen bei der Nutzung von E-Fuels

- **Energieeffizienz:** Die Herstellung von E-Fuels ist ein mehrstufiger Prozess, der Elektrolyse und oft auch weitere chemische Reaktionen umfasst. Jeder dieser Schritte ist mit Energieverlusten verbunden, was die Gesamteffizienz im Vergleich zur direkten Nutzung von Elektrizität in Elektrofahrzeugen verringert.
- **Kosten:** Die Technologien zur Herstellung von E-Fuels sind noch relativ teuer, insbesondere wenn sie CO2-neutral betrieben werden sollen. Die Kosten würden jedoch voraussichtlich sinken, wenn die Produktion in größerem Maßstab stattfindet.
- **Nachhaltigkeit der Rohstoffe:** Während E-Fuels potenziell CO2-neutral hergestellt werden können, hängt ihre Nachhaltigkeit von der Herkunft der verwendeten Rohstoffe ab. Zum Beispiel muss das für die Elektrolyse verwendete Wasser nachhaltig bezogen werden, und das CO2 könnte idealerweise aus der Atmosphäre

oder aus nachhaltigen industriellen Prozessen stammen.

- **Entwicklung und Skalierung:** Die Technologien zur Herstellung von E-Fuels sind noch nicht vollständig ausgereift und müssen weiterentwickelt und skaliert werden, um wettbewerbsfähig zu sein.

Insgesamt bieten E-Fuels ein vielversprechendes Potential als Brückentechnologie und als Langzeitlösung für Sektoren, die schwer zu elektrifizieren sind. Sie könnten eine wichtige Rolle im Energiemix der Zukunft spielen, insbesondere wenn die oben genannten Herausforderungen adressiert werden. Sie sind jedoch nicht die einzige Lösung und sollten als Teil eines breiteren Spektrums von Maßnahmen zur Emissionsreduktion und zur Förderung nachhaltiger Energie betrachtet werden.

CO2-Abscheidung und -Speicherung als komplementäre Maßnahme

Die Technologien zur Abscheidung und Speicherung von Kohlendioxid (CO2) und die Produktion von E-Fuels sind eng miteinander verknüpft, da sie beide auf die Reduzierung von CO2-Emissionen abzielen und eine komplementäre Rolle im Energiesystem spielen können.

CO2-Abscheidung und -Speicherung (Carbon Capture and Storage, CCS) ist eine Technologie, die darauf abzielt, CO2-Emissionen aus industriellen Prozessen oder

Kraftwerken abzuscheiden und in geologischen Formationen zu speichern, um die atmosphärische Konzentration von CO_2 zu verringern. Diese Technologie kann insbesondere bei Emissionen aus schwer zu dekarbonisierenden Sektoren wie der Stahl- oder Zementproduktion von Bedeutung sein.

E-Fuels sind, wie dargestellt, synthetische Kraftstoffe, die durch die Umwandlung von elektrischer Energie aus erneuerbaren Quellen in chemische Energie erzeugt werden. Ein gängiges Verfahren hierfür ist die Elektrolyse von Wasser, um Wasserstoff zu erzeugen, der dann mit CO_2 reagieren kann, um Methan, Methanol oder andere Kohlenwasserstoffe zu bilden.

Nun zum Zusammenhang: Das CO_2, das für die E-Fuel-Produktion benötigt wird, kann potenziell aus Prozessen stammen, bei denen CO_2 abgeschieden wurde. In anderen Worten, CCS-Technologien könnten eine CO_2-Quelle für die Herstellung von E-Fuels bieten. Auf diese Weise könnten E-Fuels "klimaneutral" werden, da das CO_2, das bei ihrer Verbrennung freigesetzt wird, dem CO_2 entspricht, das ursprünglich aus der Atmosphäre entnommen wurde.

Darüber hinaus könnten E-Fuels in Sektoren eingesetzt werden, die schwierig zu elektrifizieren sind, wie der Luftfahrt- oder Schifffahrtssektor, und so als Ergänzung zu CCS-Technologien fungieren. Während CCS dazu beiträgt, Emissionen aus bestehenden Prozessen zu verringern, könnten E-Fuels als kohlenstoffarme oder kohlenstoffneutrale Energiequelle für Anwendungen dienen, die auf flüssige oder gasförmige Brennstoffe angewiesen sind.

Insgesamt ergänzen sich CO_2-Abscheidung und -Speicherung und E-Fuels also in vielerlei Hinsicht und können gemeinsam dazu beitragen, die Energiewende zu beschleunigen und die globalen CO_2-Emissionen zu senken.

Die CO_2-Abscheidung und -Speicherung (Carbon Capture and Storage, CCS) ist eine Technologie, die darauf abzielt, CO_2-Emissionen aus industriellen Prozessen und Kraftwerken abzuscheiden und in geologischen Formationen tief unter der Erde zu speichern. Diese Technologie hat das Potential, eine wichtige Rolle im Kampf gegen den Klimawandel zu spielen, da sie die Möglichkeit bietet, große Mengen an CO_2 dauerhaft aus der Atmosphäre zu entfernen.

Verfahren der CO2-Abscheidung

Es gibt verschiedene Methoden zur Abscheidung von CO_2, darunter:

- **Post-Combustion Capture:** Bei diesem Verfahren wird CO_2 nach der Verbrennung von fossilen Brennstoffen aus den Abgasen abgeschieden. Ammoniak oder Amin-basierte Lösungen werden häufig als Absorptionsmittel verwendet.
- **Pre-Combustion Capture:** Hierbei wird CO_2 vor der Verbrennung abgeschieden, normalerweise durch die Umwandlung von fossilen

Brennstoffen in ein synthetisches Gas, das hauptsächlich aus Wasserstoff und Kohlenmonoxid besteht.

- **Oxyfuel-Combustion:** Bei diesem Prozess wird die Verbrennung in einer Atmosphäre aus Sauerstoff und CO_2 durchgeführt, was die Abscheidung von CO_2 erleichtert.

Speicherung von CO_2

Das abgeschiedene CO_2 wird dann komprimiert und durch Pipelines zu speziellen Lagerstätten transportiert, wo es tief unter der Erde gespeichert wird. Dies geschieht typischerweise in ausgedienten Öl- und Gasfeldern oder in tiefen Salzwasser-Aquiferen.

Herausforderungen und Kritikpunkte

- **Kosten:** Die Abscheidung, der Transport und die Speicherung von CO_2 sind kostenintensiv. Zudem sind erhebliche Investitionen in Infrastruktur erforderlich.
- **Energieaufwand:** Der Prozess der CO_2-Abscheidung und -Kompression erfordert selbst Energie, was die Effizienz der Technologie verringert.
- **Langfristige Sicherheit:** Die dauerhafte und sichere Lagerung von CO_2 ist ein wichtiges Anliegen. Ein mögliches Entweichen des gespeicherten CO_2 aus geologischen Formationen könnte erhebliche Umweltprobleme verursachen.

- **Skalierbarkeit:** Um einen signifikanten Einfluss auf die weltweiten CO2-Emissionen zu haben, muss CCS in sehr großem Maßstab eingesetzt werden, was eine Reihe von technischen und logistischen Herausforderungen mit sich bringt.
- **Ethik und soziale Akzeptanz:** Die Idee der CO2-Speicherung ist gesellschaftlich umstritten und wirft ethische Fragen auf, wie z.B. die der "Moral Hazard"-Problematik, bei der die Möglichkeit der CO2-Speicherung als Rechtfertigung für den weiteren Einsatz von fossilen Brennstoffen genutzt werden könnte.
- **Rolle in Kombination mit anderen Technologien**
- CCS kann eine effektive Ergänzung zu anderen Emissionsminderungsstrategien wie der Nutzung erneuerbarer Energien, Energieeffizienzmaßnahmen und dem Übergang zu einer Wasserstoffwirtschaft sein. Insbesondere in Kombination mit der Biomasseverbrennung (BECCS) oder der Herstellung von E-Fuels könnte CCS dazu beitragen, "negative Emissionen" zu erzeugen, bei denen mehr CO2 aus der Atmosphäre entfernt als emittiert wird.

Insgesamt ist CCS eine vielversprechende, wenn auch teure und technisch anspruchsvolle Option zur Reduzierung der globalen CO2-Emissionen. Ihre effektive Implementierung erfordert jedoch eine umfassende Strategie, die sowohl technische als auch sozioökonomische Faktoren berücksichtigt.

Methoden zur CO2-Abscheidung aus der Atmosphäre

Die Abscheidung von Kohlendioxid (CO2) aus der Atmosphäre, oft als "Direct Air Capture" (DAC) bezeichnet, ist ein Ansatz zur Minderung der Auswirkungen des Klimawandels. Im Gegensatz zur CO2-Abscheidung und -Speicherung (CCS), die sich auf die Abscheidung von CO2 direkt aus industriellen Prozessen und Energieerzeugungsanlagen konzentriert, zielt DAC darauf ab, bereits emittiertes CO2 aus der Atmosphäre zu entfernen. Hier sind einige Methoden zur CO2-Abscheidung aus der Atmosphäre:

Chemische Absorption

Die am häufigsten angewendete Methode für DAC ist die chemische Absorption. Bei diesem Verfahren wird Luft durch einen Filter geleitet, der mit einem chemischen Absorptionsmittel, wie zum Beispiel mit Aminen behandelten Materialien, beschichtet ist. Das Absorptionsmittel bindet CO2 aus der Luft, das dann durch Erhitzen oder chemische Behandlung wieder freigesetzt und gesammelt wird.

Physikalische Absorption

Einige Forschungsansätze konzentrieren sich auf die Verwendung von Materialien wie Zeolithen oder Aktivkohle, die CO2 durch physikalische Wechselwirkungen an ihrer Oberfläche festhalten können. Diese Methode ist weniger verbreitet und befindet sich hauptsächlich im Experimentierstadium.

Biologische Methoden

Es gibt auch biologische Ansätze zur Abscheidung von CO_2, wie die Aufforstung oder die Verwendung von Algen- oder Phytoplanktonfarmen, die natürlich CO_2 aus der Atmosphäre aufnehmen. Obwohl dies keine DAC-Methoden im klassischen Sinne sind, zielen sie doch darauf ab, CO_2 aus der Atmosphäre zu entfernen.

Kombination mit Mineralisierung

Ein weiterer Ansatz ist die Verbindung von DAC mit der mineralischen CO_2-Speicherung. Nach der Abscheidung wird das CO_2 in einem Prozess, der als Mineralisierung bekannt ist, in feste Mineralien umgewandelt. Diese Methode hat den Vorteil, dass sie das Risiko von Leckagen verringert, da das CO_2 in einer stabilen, festen Form gespeichert wird.

Herausforderungen

- **Energiebedarf:** DAC-Verfahren sind im Allgemeinen energieintensiv, was ihre Wirksamkeit bei der Reduzierung der Netto-CO_2-Emissionen potenziell beeinträchtigen könnte.
- **Kosten:** Die derzeitigen Kosten für DAC sind hoch, was den breiten Einsatz dieser Technologie erschwert.

- **Skalierung:** Die Technologien müssen in einem viel größeren Maßstab eingesetzt werden, als es derzeit der Fall ist, um einen signifikanten Einfluss auf die globalen CO2-Emissionen zu haben.
- **Infrastruktur:** Es muss eine Infrastruktur für die Sammlung, den Transport und die Speicherung des abgeschiedenen CO2 geschaffen werden.

Die CO2-Abscheidung aus der Atmosphäre ist ein spannendes, aber auch herausforderndes Feld, das eine Reihe von technischen, wirtschaftlichen und politischen Herausforderungen bewältigen muss. Obwohl sie nicht als Ersatz für die Emissionssenkung angesehen werden kann, könnte sie ein wertvolles Werkzeug in einem breiteren Portfolio von Strategien zur Bekämpfung des Klimawandels sein.

Langfristige Lagerung und deren Sicherheit

Die langfristige Lagerung von abgeschiedenem Kohlendioxid (CO2) ist ein wesentlicher Bestandteil der CO2-Abscheidung und -Speicherung (CCS) sowie von Direct Air Capture (DAC) Verfahren. Diese Lagerung wird oft in geologischen Formationen durchgeführt, darunter ausgediente Öl- und Gasfelder, tiefe Kohleflöze und Salzwasser-Aquifere. Es gibt jedoch eine Reihe von Aspekten, die berücksichtigt werden müssen, um die Sicherheit dieser Langzeitlagerung zu gewährleisten.

Eine fortlaufende Überwachung der Lagerstätten ist unerlässlich, um sicherzustellen, dass es zu keinen CO_2-Leckagen kommt. Diverse Sensoren und Überwachungstechnologien, einschließlich seismischer Messgeräte und Satellitenbilder, können dazu verwendet werden, die Integrität der Lagerstätte kontinuierlich zu prüfen.

Die Qualität der Materialien, die für die Dichtung der Lagerstätten verwendet werden, ist ein weiterer wichtiger Faktor. Hochwertige, langlebige Materialien müssen eingesetzt werden, um eine dauerhafte Abdichtung sicherzustellen.

Die Verwaltung des Drucks innerhalb der Lagerstätte ist entscheidend, um die Strukturen nicht zu überlasten und mögliche Leckagen zu vermeiden. Dies erfordert eine sorgfältige Planung und Überwachung.

Wer ist langfristig für die Lagerstätten verantwortlich, insbesondere nachdem die Betreiberfirma vielleicht nicht mehr existiert? Diese Frage wirft regulatorische und ethische Überlegungen auf und erfordert eine klare gesetzliche Regelung.

Für den Fall einer Leckage oder eines anderen unvorhergesehenen Ereignisses müssen detaillierte Notfallpläne entwickelt werden. Diese sollten Maßnahmen zur Leckageerkennung, zur sofortigen Eindämmung des entwichenen CO_2 und zur Minimierung von Umweltauswirkungen beinhalten.

Die Akzeptanz der Bevölkerung für die langfristige CO_2-Lagerung ist ein weiterer Faktor, der die Sicherheit der Lagerstätten beeinflussen kann. Öffentliche Bedenken könnten zu strengeren Regulierungen und Überwachungsmaßnahmen führen, die wiederum die Sicherheit der Lager erhöhen könnten.

Ein klarer rechtlicher Rahmen ist notwendig, um die Verantwortlichkeiten und Pflichten der verschiedenen beteiligten Parteien zu definieren. Dies sollte auch die langfristige Überwachung und mögliche rechtliche Folgen im Falle einer Leckage umfassen.

Die langfristige und sichere Lagerung von CO_2 ist tatsächlich eine komplexe Herausforderung, die eine Vielzahl von technischen, sozialen und regulatorischen Faktoren berücksichtigt. Sorgfältige Planung, strenge Überwachung und klare rechtliche Rahmenbedingungen sind entscheidend, um die Risiken zu minimieren und die Öffentlichkeit von der Sicherheit dieser Technologie zu überzeugen. Wenn diese Herausforderungen bewältigt werden können, könnte die langfristige CO_2-Lagerung ein wichtiger Baustein in den Bemühungen zur Bekämpfung des Klimawandels sein.

Second-Generation E-Fuels

Second-Generation E-Fuels, bekannt als fortschrittliche oder nächste Generation von E-Fuels, sind synthetische Kraftstoffe, die als sauberere und nachhaltigere Alternativen zu herkömmlichen fossilen Brennstoffen gelten. Im Gegensatz zu First-Generation E-Fuels, die oft aus

Nahrungspflanzen wie Mais oder Zuckerrohr hergestellt werden, werden Second-Generation E-Fuels aus
nicht für die Lebensmittelproduktion genutzten Rohstoffen gefertigt. Dies schließt Abfallmaterialien, Algen
oder spezielle Energiepflanzen ein, die nicht in Konkurrenz zur Nahrungsmittelproduktion stehen.

Herstellungsprozesse

Diese fortschrittlichen E-Fuels werden durch verschiedene Syntheseprozesse hergestellt, darunter die Fischer-
Tropsch-Synthese, Methanol-zu-Benzin (MTG) und direkte Ethanol-Synthese. Ein Schlüsselelement bei der
Herstellung von Second-Generation E-Fuels ist die Verwendung von erneuerbaren Energien, insbesondere für
die Elektrolyse von Wasser zur Erzeugung von Wasserstoff, der dann in den Syntheseprozessen verwendet
wird.

Vorteile

- **Nachhaltigkeit:** Durch die Verwendung von
  Abfallprodukten oder nachwachsenden Rohstoffen wird die CO_2-Bilanz deutlich verbessert.
- **Energieeffizienz:** Fortschritte in den Herstel-
  lungsprozessen zielen darauf ab, die Energieeffizienz zu erhöhen und damit die Produktionskosten zu senken.
- **Kompatibilität:** Einer der größten Vorteile von
  Second-Generation E-Fuels ist ihre Kompatibilität mit bestehenden Verbrennungsmotoren und

Infrastrukturen, wodurch teure Umrüstungen vermieden werden können.

- **Verminderung der Treibhausgase:** Durch die Möglichkeit der CO2-Abscheidung während des Herstellungsprozesses können diese E-Fuels nahezu CO2-neutral sein.

Herausforderungen

- **Kosten:** Obwohl die Technologie vielversprechend ist, sind die Produktionskosten immer noch relativ hoch, insbesondere im Vergleich zu fossilen Brennstoffen und Elektromobilität.
- **Skalierung:** Für einen signifikanten Einfluss auf die Reduzierung von Treibhausgasemissionen müsste die Produktion in einem sehr großen Maßstab erfolgen, was eine erhebliche Investition erfordert.
- **Effizienz:** Die gesamte Effizienz des Zyklus von der Energiegewinnung bis zur Kraftstoffnutzung ist ein kritischer Faktor, der weiter optimiert werden muss.

Second-Generation E-Fuels bieten eine vielversprechende Möglichkeit, die Lücke zwischen fossilen Brennstoffen und vollständig erneuerbaren Energiequellen zu schließen. Sie könnten insbesondere für Anwendungen wichtig sein, bei denen Elektromobilität oder Wasserstoffantriebe nicht praktikabel sind, wie im Luft- oder Schwerlastverkehr. Trotz der vielen Herausforderungen, die noch überwunden werden müssen, bieten sie

ein erhebliches Potenzial für eine nachhaltigere Zukunft.

Neue Entwicklungen bei der Herstellung von E-Fuels aus erneuerbaren Quellen

Die Herstellung von E-Fuels aus erneuerbaren Quellen
ist ein Forschungs- und Entwicklungsfeld, das in den
letzten Jahren zunehmend an Bedeutung gewonnen hat.
Da die weltweite Nachfrage nach nachhaltigen Mobilitätslösungen steigt, sind auch die Anstrengungen zur
Verbesserung der Produktionstechnologien für E-Fuels
aus erneuerbaren Energien gewachsen.

Nutzung Erneuerbarer Energiequellen

Die Verwendung erneuerbarer Energiequellen wie
Wind-, Solar- und Wasserkraft ist entscheidend für die
Nachhaltigkeit der E-Fuel-Produktion. Insbesondere
wird erneuerbare Energie für die Wasserelektrolyse eingesetzt, um Wasserstoff zu erzeugen. Dieser Wasserstoff
dient als Grundbaustein in verschiedenen Syntheserpro-
zessen zur Herstellung von E-Fuels.

Power-to-Liquid-Technologie

Die Power-to-Liquid-Technologie (PtL) ist ein wichtiger
Ansatz zur Umwandlung von elektrischer Energie in
flüssige Kraftstoffe. In diesem Verfahren wird CO_2 aus
der Atmosphäre oder aus industriellen Quellen abgeschieden und mit Wasserstoff kombiniert, der durch

Elektrolyse erzeugt wird. Die resultierenden Synthesegasgemische können dann in flüssige Kraftstoffe wie Diesel oder Kerosin umgewandelt werden.

Verbesserungen im Fischer-Tropsch-Verfahren

Das Fischer-Tropsch-Verfahren ist eine bewährte Methode zur Herstellung von flüssigen Kohlenwasserstoffen. Durch den Einsatz von Katalysatoren und optimierten Betriebsbedingungen wird versucht, die Effizienz und Ausbeute des Prozesses zu erhöhen.

CO2-Abscheidung und -Nutzung

Eine der Herausforderungen bei der Herstellung von E-Fuels ist die Quelle des benötigten CO2. Fortschritte in der CO2-Abscheidung aus der Atmosphäre (Direct Air Capture) oder bei der Nutzung von CO2 aus Industrieabgasen bieten hier neue Möglichkeiten. Dieses CO2 kann dann als Rohstoff in der E-Fuel-Synthese dienen.

Biotechnologische Ansätze

Neben chemischen Prozessen wird auch an biotechnologischen Verfahren zur E-Fuel-Produktion geforscht. Hierbei werden Mikroorganismen genutzt, um aus biogenen Materialien wie Algen oder Pflanzenabfällen E-Fuels zu erzeugen.

Kosteneffizienz und Skalierbarkeit

Einer der wesentlichen Engpässe bei der E-Fuel-Produktion ist die Wirtschaftlichkeit. Da erneuerbare Energien jedoch immer kostengünstiger werden und technologische Fortschritte die Effizienz der E-Fuel-Produktion erhöhen, wird erwartet, dass die Kosten für E-Fuels in den kommenden Jahren sinken werden.

Regionalisierung der Produktion

Es gibt Bestrebungen, die Produktion von E-Fuels so lokal wie möglich zu gestalten, um Transportkosten und damit verbundene Emissionen zu minimieren. Regionale Produktionsstätten könnten direkt an erneuerbare Energiequellen angebunden sein, wie zum Beispiel Windparks in Küstengebieten oder Solarkraftwerke in sonnenreichen Regionen.

Intelligente Energienetze und Energie-Speicherlösungen

Die Integration von E-Fuel-Produktionsanlagen in intelligente Stromnetze kann zur Stabilität des Gesamtsystems beitragen. Überschüssige erneuerbare Energie kann für die Herstellung von E-Fuels verwendet werden, die dann als Energiespeicher fungieren. So können Schwankungen im Energieangebot besser ausgeglichen werden.

Kreislaufwirtschaft und Abfallnutzung

Die Möglichkeit, Abfallprodukte als Ausgangsstoffe für die E-Fuel-Produktion zu verwenden, wird immer mehr erforscht. Dazu gehören etwa landwirtschaftliche Abfälle oder sogar Kunststoffabfälle, die als Rohstoff für die E-Fuel-Herstellung dienen könnten.

Gesetzliche Rahmenbedingungen und Fördermittel

Die Entwicklung von E-Fuels ist stark abhängig von politischen Entscheidungen und Gesetzen. Steuerliche Anreize, Zuschüsse und andere Fördermittel können die Einführung dieser Technologie erheblich beschleunigen.

Für die breite Akzeptanz von E-Fuels ist es weiter wichtig, klare Qualitätsstandards und Zertifizierungsverfahren zu etablieren. Nur so können Verbraucher sicher sein, dass die E-Fuels, die sie nutzen, tatsächlich nachhaltig produziert wurden.

Öffentlichkeitsarbeit und gesellschaftliche Akzeptanz

Die Akzeptanz von E-Fuels als realistische Alternative zu fossilen Brennstoffen oder anderen erneuerbaren Technologien ist ein weiterer wichtiger Aspekt. Informationskampagnen, Bildungsprojekte und die transparente Kommunikation von Forschungsergebnissen können dazu beitragen, das Vertrauen der Öffentlichkeit in diese Technologien zu stärken.

Unterschiede und Vorteile gegenüber konventionellen E-Fuels

Die Unterscheidung zwischen "konventionellen" E-Fuels und solchen, die aus erneuerbaren Quellen stammen, ist wichtig, wenn es um die Umweltauswirkungen und die langfristige Nachhaltigkeit dieser Kraftstoffe geht.

Herkunft der Energie

Während konventionelle E-Fuels oft mit Energie aus fossilen Quellen hergestellt werden, nutzen E-Fuels aus erneuerbaren Quellen Energie aus Wind, Sonne oder Wasser. Dies verringert ihren CO_2-Fußabdruck und macht sie zu einer nachhaltigeren Option.

CO2-Bilanz

Die CO_2-Bilanz von E-Fuels aus erneuerbaren Quellen kann theoretisch nahezu neutral sein, insbesondere wenn die Kohlendioxid-Abscheidung aus der Atmosphäre (Direct Air Capture) eingesetzt wird. Konventionelle E-Fuels hingegen können eine erheblich schlechtere CO_2-Bilanz aufweisen, da ihre Produktion oft auf fossile Energieträger zurückgreift.

Abhängigkeit von fossilen Ressourcen

Die Produktion konventioneller E-Fuels kann eine Abhängigkeit von fossilen Ressourcen wie Erdöl oder Erdgas erfordern. Bei der Herstellung von E-Fuels aus erneuerbaren Quellen wird dieser Bedarf minimiert, was langfristig zu einer größeren Versorgungssicherheit beiträgt.

Skalierbarkeit und Flexibilität

E-Fuels aus erneuerbaren Quellen können theoretisch in großem Maßstab und in verschiedenen geografischen Regionen produziert werden, da sie nicht auf die Verfügbarkeit fossiler Ressourcen angewiesen sind. Dies bietet ein hohes Maß an Flexibilität und Skalierbarkeit.

Technologische Innovation

Da das Interesse an nachhaltigen Energielösungen wächst, wird auch in die Forschung und Entwicklung von erneuerbaren E-Fuels mehr investiert. Dies führt zu technologischen Innovationen, die die Effizienz und Wirtschaftlichkeit der Produktion verbessern können.

Gesellschaftliche und politische Akzeptanz

Aufgrund ihres geringeren ökologischen Fußabdrucks könnten E-Fuels aus erneuerbaren Quellen eher gesellschaftlich und politisch akzeptiert werden, was wiederum ihre Markteinführung erleichtern würde.

Insgesamt bieten E-Fuels aus erneuerbaren Quellen eine Reihe von Vorteilen gegenüber konventionellen E-Fuels, insbesondere in Bezug auf ihre Umweltauswirkungen und langfristige Nachhaltigkeit. Diese Vorteile machen sie zu einer immer attraktiveren Option für die Zukunft der Mobilität und der Energiespeicherung.

Wirtschaftliche Aspekte von E-Fuels

Energiepreise und Marktvolatilität

Die Kosten für die Herstellung von E-Fuels sind eng mit den Energiepreisen verknüpft, da die Produktion energieintensiv ist.

Die Elektrolyse von Wasser, eine der Hauptkomponenten bei der Herstellung vieler E-Fuels, erfordert erhebliche Mengen an elektrischer Energie. Steigen die Energiepreise, erhöhen sich unmittelbar auch die Produktionskosten für E-Fuels. In einem Szenario, in dem E-Fuels aus erneuerbaren Energiequellen hergestellt werden, können steigende Preise für erneuerbare Energietechnologien daher die Wirtschaftlichkeit der E-Fuel-Produktion entscheidend beeinträchtigen.

Volatilität der Energiepreise

Die Unsicherheit und Volatilität der Energiepreise können die Planungssicherheit für E-Fuel-Projekte verringern. Dies kann Investitionen in diese Technologien riskanter machen und somit auch die Finanzierung erschweren. Zudem kann die Volatilität dazu führen, dass E-Fuels in Zeiten hoher Energiepreise unattraktiv für

Verbraucher werden, was die Nachfrage und damit die Skalierung der Produktion beeinträchtigen kann.

Preisparität mit fossilen Brennstoffen

Die Kosten für E-Fuels müssen, um wettbewerbsfähig zu sein, irgendwann Preisparität mit konventionellen fossilen Brennstoffen erreichen. Steigende Preise für fossile Brennstoffe könnten diesem Ziel paradoxerweise näherkommen lassen, obwohl sie gleichzeitig die Energiekosten für die Produktion von E-Fuels erhöhen könnten.

Mit dem technologischen Fortschritt könnten Produktionsverfahren effizienter werden, was die Abhängigkeit von den Energiepreisen teilweise mitigieren könnte. Effizienzsteigerungen könnten den Energiebedarf pro produzierter Einheit E-Fuel reduzieren und damit die Auswirkungen steigender Energiepreise abfedern.

Subventionen für erneuerbare Energien oder eine CO2-Bepreisung könnten die relative Kosteneffizienz von E-Fuels im Vergleich zu fossilen Brennstoffen verbessern. Diese Faktoren sind jedoch politischen Entscheidungen unterworfen und können von verschiedenen externen Ereignissen, einschließlich der allgemeinen wirtschaftlichen Lage und der Energiepreise, beeinflusst werden.

Globale Marktdynamiken

E-Fuels konkurrieren nicht nur lokal oder national, sondern auch auf dem globalen Energiemarkt. In diesem

Kontext spielen geopolitische Faktoren eine Rolle. Zum Beispiel könnte ein geopolitischer Konflikt in einer Region, die reich an fossilen Brennstoffen ist, die Energiepreise weltweit beeinflussen. Dies hätte dann wiederum einen Einfluss auf die Wettbewerbsfähigkeit von E-Fuels.

Logistik und Lieferkette

Die Kosten für Transport und Lagerung der Rohstoffe für die Produktion von E-Fuels sowie die E-Fuels selbst können ebenfalls erheblich von den Energiepreisen beeinflusst werden. Höhere Energiepreise könnten die Logistikkosten in die Höhe treiben, was wiederum die Endkosten der E-Fuels für den Verbraucher erhöht.

Höhere Energiepreise könnten auch die Investitionskosten für die erforderliche Infrastruktur zur E-Fuel-Produktion und -Verbreitung erhöhen. Dies könnte zu Verzögerungen bei der Implementierung und Skalierung von E-Fuel-Technologien führen.

Verbraucherverhalten

Ein weiterer Punkt ist das Verbraucherverhalten. Bei steigenden Energiepreisen könnte der Anreiz für die Verbraucher wachsen, effizientere oder alternative Antriebsmethoden zu suchen. Dies könnte die Nachfrage nach E-Fuels steigern, aber es könnte auch einen gegenläufigen Effekt haben, wenn die Kosten für E-Fuels durch die gestiegenen Energiepreise selbst zu hoch werden.

Koexistenz mit anderen Technologien

Der Wettbewerb zwischen E-Fuels und anderen nachhaltigen Technologien, wie z.B. Elektroautos oder Brennstoffzellenfahrzeugen, wird ebenfalls durch die Energiepreise beeinflusst. In einem Szenario, in dem elektrische Energie besonders teuer ist, könnten E-Fuels, die auf andere Weise hergestellt werden, plötzlich wirtschaftlich attraktiver erscheinen.

Schließlich könnte der Einfluss der Energiepreise auf die Kosten von E-Fuels auch dazu führen, dass Regulierungen angepasst werden. Wenn beispielsweise hohe Energiepreise die Einführung von E-Fuels erschweren, könnten Anreizprogramme oder Steuervorteile implementiert werden, um ihre Entwicklung zu fördern.

Risiken und Chancen im Kontext der globalen Energiemärkte

Die Einführung von E-Fuels in den globalen Energiemarkt bringt sowohl Risiken als auch Chancen mit sich, die in einem sich ständig verändernden Energielandschaftsbild betrachtet werden müssen.

Die Preise für Energiequellen wie Öl, Gas und Elektrizität unterliegen Schwankungen, die von einer Vielzahl von Faktoren beeinflusst werden, darunter geopolitische Ereignisse und Naturkatastrophen. Diese

Volatilität kann sich auf die Rentabilität der E-Fuel-Produktion auswirken, da sie direkt von den Energiepreisen abhängt.

E-Fuels müssen sich gegen etablierte Energiequellen wie fossile Brennstoffe und wachsende Alternativen wie Elektromobilität und Wasserstoff behaupten. Der globale Wettbewerb könnte die Einführung und Akzeptanz von E-Fuels verlangsamen.

Die politische Landschaft kann die Entwicklung und Implementierung von E-Fuels beeinträchtigen. Restriktive Umweltauflagen und wechselnde Subventionslandschaften könnten die Wirtschaftlichkeit dieser Technologie beeinträchtigen.

Es gibt noch technische Hürden, die überwunden werden müssen, um E-Fuels effizient und kostengünstig zu produzieren. Technologische Rückschläge oder Verzögerungen könnten die Akzeptanz der E-Fuels auf dem Markt behindern.

E-Fuels bieten die Möglichkeit, die Abhängigkeit von fossilen Brennstoffen zu verringern und so die Energieversorgungssicherheit zu erhöhen. Dies ist besonders wichtig für Länder, die von Energieimporten abhängig sind.

Im Vergleich zu fossilen Brennstoffen könnten E-Fuels, wenn sie aus erneuerbaren Quellen hergestellt werden, eine deutlich geringere CO_2-Bilanz aufweisen. Dies bietet die Chance, die CO_2-Emissionen im Verkehrssektor signifikant zu reduzieren.

E-Fuels können außerdem oft in bestehenden Verbrennungsmotoren und Infrastrukturen verwendet werden. Dies könnte die Übergangszeit zu einer nachhaltigeren Energieversorgung erleichtern und weniger disruptiv gestalten.

Die Entwicklung einer neuen Industrie rund um E-Fuels könnte Arbeitsplätze schaffen und die Wirtschaft ankurbeln. Zudem könnten Länder, die früh in diese Technologie investieren, einen wettbewerbsfähigen Vorteil auf den globalen Märkten erzielen.

Länder, die in der Lage sind, E-Fuels effizient zu produzieren, könnten ihren geopolitischen Einfluss erhöhen, insbesondere wenn die globalen Bemühungen zur Reduzierung von CO_2-Emissionen zunehmen.

Die Einbindung von E-Fuels in die globale Energielandschaft wird letztlich darüber entscheiden, wie E-Fuels sich langfristig positionieren können.

Untersuchung verschiedener Geschäftsmodelle im Bereich E-Fuels

Die Entwicklung und Vermarktung von E-Fuels kann über verschiedene Geschäftsmodelle erfolgen, die jeweils eigene Vor- und Nachteile, Risiken und Chancen mit sich bringen. Es ist wichtig, diese zu verstehen, um die mögliche Rolle von E-Fuels in der Energiezukunft abzuschätzen.

Vertikal Integrierte Produktion

In diesem Modell würde ein Unternehmen die gesamte Kette von der Rohstoffbeschaffung über die Produktion bis hin zum Verkauf der E-Fuels kontrollieren. Dies ermöglicht eine enge Qualitätskontrolle und Kosteneffizienz, bringt aber auch hohe Anfangsinvestitionen und Risiken mit sich, insbesondere wenn einzelne Teile der Kette nicht rentabel sind.

Lizenzierung der Produktionstechnologie

Ein Unternehmen könnte seine Technologie für die Herstellung von E-Fuels an andere Lizenznehmer verkaufen oder lizenzieren. Dies ermöglicht die schnelle Verbreitung der Technologie und erfordert weniger Kapitalaufwand für den Technologiebesitzer, kann jedoch geringere Margen bedeuten und macht das Unternehmen von den Fähigkeiten der Lizenznehmer abhängig.

Partnerschaften mit Energieerzeugern

In diesem Modell würden E-Fuel-Unternehmen direkt mit erneuerbaren Energieerzeugern wie Wind- oder Solarparks zusammenarbeiten, um den benötigten Strom für die Produktion zu beziehen. Dies könnte eine Win-Win-Situation schaffen, in der erneuerbare Energien einen garantierten Abnehmer haben und E-Fuel-Produzenten von niedrigeren Energiekosten profitieren.

Direktverkauf an Endverbraucher

Einige Unternehmen könnten sich dafür entscheiden, E-Fuels direkt an die Verbraucher zu verkaufen, möglicherweise über eigene Tankstellen oder Lieferdienste. Dies ermöglicht eine direkte Kundenbeziehung, erfordert jedoch eine weitreichende Infrastruktur und umfangreiche Marketinganstrengungen.

B2B-Geschäftsmodelle

Unternehmen könnten sich auch darauf konzentrieren, E-Fuels an Geschäftskunden wie Fluggesellschaften oder Logistikunternehmen zu verkaufen. Diese könnten von den potenziellen CO_2-Einsparungen profitieren und sind oft in der Lage, größere Mengen abzunehmen, was die Produktionskosten senken könnte.

Pay-As-You-Go oder Abonnementsmodelle

In einigen Märkten könnten Verbraucher dafür interessiert sein, für E-Fuels über ein Abonnementmodell zu bezahlen, bei dem sie eine monatliche Gebühr für eine bestimmte Menge an Kraftstoff zahlen. Dies könnte den Verbrauchern Kostensicherheit bieten und den E-Fuel-Unternehmen eine konstante Einnahmequelle sichern.

Regierungs- und Subventionsmodelle

Einige Geschäftsmodelle könnten stark von staatlichen Subventionen oder Steueranreizen abhängen. Dies könnte die Einführung und Akzeptanz von E-Fuels beschleunigen, macht das Geschäft jedoch anfällig für politische Veränderungen.

Die Auswahl des richtigen Geschäftsmodells ist entscheidend für den Erfolg von E-Fuel-Unternehmen und wird von einer Vielzahl von Faktoren beeinflusst, darunter der Stand der Technologie, die Marktbedingungen und die politische Landschaft. Eine sorgfältige Analyse dieser Faktoren ist unerlässlich, um die Risiken zu minimieren und die Chancen in diesem aufstrebenden Markt optimal zu nutzen.

So hat ein skandinavisches Unternehmen sich mit lokalen Windparks zusammengetan, um E-Fuels mit erneuerbarer Energie zu produzieren. Durch den direkten Zugang zu sauberer, preiswerter Energie konnte das Unternehmen die Produktionskosten senken und ein wettbewerbsfähiges Produkt auf den Markt bringen. Zusätzlich ermöglichte die Partnerschaft den Windparkbetreibern, ihre Überkapazitäten sinnvoll zu nutzen, wodurch beide Parteien profitierten.

Ein amerikanisches Start-up wiederum hat sich darauf spezialisiert, synthetische Flugkraftstoffe zu produzieren und diese direkt an Fluggesellschaften zu verkaufen. Durch den direkten Vertriebskanal konnte das Unternehmen höhere Margen erzielen und gleichzeitig den Fluggesellschaften helfen, ihre CO_2-Emissionen zu reduzieren. Ein robustes Marketing und erfolgreiche Pilotprojekte haben die Glaubwürdigkeit des Unternehmens erhöht.

Ein europäisches Unternehmen hingegen plante, E-Fuels mit Unterstützung von staatlichen Subventionen großflächig zu produzieren. Als jedoch politische Veränderungen dazu führten, dass diese Subventionen stark gekürzt wurden, geriet das Unternehmen in finanzielle Schwierigkeiten und musste letztlich Insolvenz anmelden.

Ein kleiner Produzent von E-Fuels in Asien wiederum konnte trotz einer fortschrittlichen Technologie nicht mit den Marktpreisen für fossile Brennstoffe konkurrieren. Das Unternehmen hatte hohe Anfangsinvestitionen in spezialisierte Ausrüstung getätigt, konnte jedoch die Produktionskosten nicht in dem Maße senken, wie ursprünglich angenommen. Infolgedessen konnte es seine E-Fuels nicht zu einem wettbewerbsfähigen Preis anbieten und musste schließlich den Betrieb einstellen.

Erfolgreiche Geschäftsmodelle im Bereich der E-Fuels zeichnen sich oft durch starke Partnerschaften, direkte Vertriebskanäle und eine klare Marktstrategie aus. Gescheiterte Modelle hingegen leiden häufig unter einer übermäßigen Abhängigkeit von unsicheren Faktoren wie staatlichen Subventionen oder sind in ihrer Technologie und Skalierbarkeit eingeschränkt. Für zukünftige Unternehmungen in diesem Sektor ist es entscheidend, diese Risiken frühzeitig zu erkennen und entsprechende Gegenmaßnahmen zu ergreifen.

Technische Herausforderungen und Fortschritte

Die Bedeutung einer geeigneten technischen Infrastruktur für die Skalierbarkeit von E-Fuel-Produktion und -Vertrieb kann nicht hoch genug eingeschätzt werden. In der Tat ist die Infrastruktur oft ein entscheidender Faktor, der über den Erfolg oder Misserfolg eines Geschäftsmodells in diesem Bereich entscheidet.

Produktionseffizienz und Anlagenmanagement

Die Auswahl und Gestaltung von Produktionsstätten, die sich leicht skalieren lassen, können erhebliche Auswirkungen auf die Produktionskosten haben. Ein Unternehmen, das beispielsweise eine modulare Produktionsanlage baut, die sich leicht um zusätzliche Einheiten erweitern lässt, kann seine Kapazitäten schrittweise und kosteneffizient erhöhen. Dies ist besonders wichtig für Start-ups und kleinere Unternehmen, die nicht sofort in eine voll ausgereifte Produktionsinfrastruktur investieren können.

Lagerung und Transport

Die Fähigkeit, produzierte E-Fuels effizient zu lagern und zu transportieren, ist ein weiterer kritischer Aspekt. Dies erfordert spezielle Lagertanks, Pipelines und andere Transportmittel, die nicht nur den spezifischen Eigenschaften der E-Fuels gerecht werden, sondern auch die schnelle und sichere Lieferung an Vertriebspartner oder Endkunden ermöglichen. In Gebieten, die bereits über eine gut ausgebaute Infrastruktur für fossile Brennstoffe verfügen, könnte eine Umstellung oder Anpassung an E-Fuels einfacher und kosteneffizienter sein.

Lade- und Betankungsinfrastruktur

Für den Endverbraucher ist die Verfügbarkeit von Tankstellen, an denen E-Fuels betankt werden können, ein entscheidender Faktor für die Akzeptanz dieser neuen Energieform. Eine ausreichende Abdeckung durch ein Netzwerk von E-Fuel-kompatiblen Tankstellen kann die Marktdurchdringung erheblich beschleunigen. Gleichzeitig kann dies auch eine Möglichkeit für Kooperationen mit bestehenden Öl- und Gasunternehmen bieten, die ihre bestehenden Tankstellen umrüsten könnten.

Anbindung an erneuerbare Energiequellen

Um den maximalen ökologischen Nutzen aus E-Fuels zu ziehen, ist es ideal, sie mit Strom aus erneuerbaren Quellen wie Wind, Sonne oder Wasser zu produzieren. Die physische Nähe zu solchen Energiequellen oder die Integration in ein intelligentes Stromnetz, das Überschussstrom aus erneuerbaren Quellen nutzen kann, ist daher von großem Vorteil.

Integration in bestehende Systeme

Schließlich ist die Fähigkeit, E-Fuels in bestehende Versorgungssysteme zu integrieren, ein weiterer Schlüssel zur Skalierbarkeit. Dies könnte bedeuten, dass sie als Additiv in konventionellen fossilen Brennstoffen verwendet werden oder dass sie in bestehenden Verbrennungsmotoren ohne größere Anpassungen genutzt werden können. Eine solche nahtlose Integration kann die Markteinführungszeit verkürzen und das Vertrauen der Verbraucher stärken.

Insgesamt ermöglicht eine geeignete Infrastruktur eine effizientere Produktion, Lagerung und Vertrieb von E-Fuels und ist daher entscheidend für die Skalierbarkeit und den wirtschaftlichen Erfolg eines Unternehmens in diesem Bereich. Sie beeinflusst nicht nur die Wettbewerbsfähigkeit des Endprodukts, sondern spielt auch eine entscheidende Rolle bei der Gewinnung von Investoren und Partnern sowie bei der allgemeinen Akzeptanz durch den Markt und die Verbraucher.

Aktuelle Projekte und Investitionen im Bereich Infrastruktur für E-Fuels

Aktuelle Projekte und Investitionen im Bereich der Infrastruktur für E-Fuels sind ein aussagekräftiges Indiz für die Dynamik und das wachsende Interesse in diesem Sektor. Sie geben auch Einblicke in die technologischen und wirtschaftlichen Strategien, die für den erfolgreichen Einsatz von E-Fuels erforderlich sind.

Europäische Initiativen

In Europa gibt es mehrere groß angelegte Projekte, die die E-Fuel-Technologie vorantreiben. Deutschland zum Beispiel investiert in Forschungsprojekte, die sich auf die direkte Umwandlung von erneuerbarem Strom in synthetische Kraftstoffe konzentrieren. Es gibt auch europäische Konsortien, die die Einführung einer umfassenden Infrastruktur für E-Fuels planen. Das beinhaltet alles von Forschungs- und Entwicklungsanlagen bis hin zu neuen Vertriebsnetzen.

Nordamerikanische Investitionen

In den USA und Kanada sind insbesondere Privatunternehmen aktiv. Große Energieunternehmen wie Chevron und Shell haben in den E-Fuel-Sektor investiert, oft in Partnerschaft mit Start-ups, die innovative Technologien zur E-Fuel-Produktion entwickeln. Die öffentliche Finanzierung ist eher gering, aber es gibt steuerliche Anreize, die die Entwicklung von erneuerbaren Kraftstoffen, einschließlich E-Fuels, fördern.

Asiatische Dynamik

In Asien ist vor allem Japan hervorzuheben, das stark in die Wasserstofftechnologie investiert hat, die eng mit E-Fuels verbunden ist. China legt ebenfalls großen Wert auf erneuerbare Technologien, obwohl der Fokus stärker auf Elektromobilität liegt. Trotzdem gibt es auch hier

Investitionen in die Forschung zu E-Fuels, oft im Kontext von Flugzeug- und Schiffsantrieben.

Industriespezifische Projekte

Verschiedene Branchen haben spezifische Anforderungen an E-Fuels und daher eigene Infrastrukturprojekte gestartet. In der Luftfahrtbranche beispielsweise sind Projekte zur Erforschung und Entwicklung von E-Fuels, die den hohen Anforderungen an Energiedichte und Sicherheit gerecht werden, von besonderer Bedeutung. In der Schifffahrt sind vor allem Projekte interessant, die sich mit der Lagerung und dem Transport von E-Fuels auf See befassen.

Public-Private Partnerships

Nicht zuletzt sind Public-Private Partnerships (PPP) ein wichtiger Hebel für Investitionen. Diese ermöglichen oft den schnelleren Transfer von Forschung und Entwicklung in marktfähige Lösungen. Die Kombination aus öffentlichen Geldern und privatwirtschaftlichem Knowhow kann zu sehr effizienten und gut durchdachten Infrastrukturprojekten führen.

Innovationszentren und Forschungscluster

In verschiedenen Teilen der Welt werden Zentren für Forschung und Entwicklung eingerichtet, die sich auf E-Fuels spezialisieren. Diese Einrichtungen dienen nicht nur der Grundlagenforschung, sondern auch der

Entwicklung von Pilotprojekten und der Ausbildung von Fachkräften in diesem aufkommenden Sektor.

Investitionen in Humankapital

Die Verfügbarkeit von qualifizierten Arbeitskräften ist für den Aufbau einer robusten Infrastruktur für E-Fuels entscheidend. Daher investieren viele Länder und Unternehmen in spezialisierte Ausbildungsprogramme. Diese reichen von Ingenieursstudiengängen bis zu speziellen Schulungen für Techniker und Betriebsleiter.

Globalisierung der E-Fuel-Märkte

Die Internationalisierung von E-Fuel-Projekten bekommt immer mehr Bedeutung, da viele Länder ohne eigene erneuerbare Energiequellen auf den Import von E-Fuels angewiesen sein könnten. Dies erfordert eine internationale Infrastruktur für den Handel und Transport von E-Fuels sowie multilaterale Abkommen, um Handelsbarrieren zu minimieren.

Regulierungen und Subventionen

Die politischen Rahmenbedingungen können einen großen Einfluss auf den Erfolg von Infrastrukturprojekten haben. Zum Beispiel könnten Steuervorteile und Subventionen für den Bau von E-Fuel-Produktionsanlagen oder die Anpassung bestehender Tankstellen die Akzeptanz von E-Fuels beschleunigen.

Risikokapital und Crowdfunding

Angesichts des innovativen Charakters des E-Fuel-Sektors spielen auch alternative Finanzierungsmodelle eine Rolle. Risikokapitalgeber investieren in Start-ups mit vielversprechenden Technologien. Zudem gibt es Crowdfunding-Plattformen, die sich auf erneuerbare Energien und nachhaltige Technologien spezialisiert haben, und auf diese Weise auch kleinere Projekte ermöglichen.

Wettbewerb mit anderen Energieträgern

Die Interaktion von E-Fuels mit anderen Formen der erneuerbaren Energie ist ein weiterer wichtiger Faktor. Da die verschiedenen Energieformen in einem gewissen Wettbewerb zueinander stehen, können sie sich gegenseitig beeinflussen, sowohl im Hinblick auf die Technologieentwicklung als auch auf die Preisgestaltung.

Skalierbarkeit und Anpassungsfähigkeit

Die meisten Projekte beginnen in kleinerem Maßstab und streben eine schrittweise Skalierung an. Dies erfordert eine flexible Infrastruktur, die sich den sich ändernden Produktionsmengen und Marktbedingungen anpassen kann.

Die Summe dieser Faktoren trägt zur zunehmenden Komplexität des Sektors bei, bietet aber auch zahlreiche Chancen für Innovation und Wachstum. Es ist ein dynamisches Feld, in dem kontinuierliche Investitionen und Projekte neue Möglichkeiten für die Dekarbonisierung der Energiesektoren und die Verringerung des globalen CO2-Fußabdrucks schaffen.

Überblick über aktuelle Forschungsprojekte und Entwicklungen

Die Welt der Forschungsprojekte und Entwicklungen im Bereich der E-Fuels ist äußerst vielfältig und ständig in Bewegung. Hier sind einige wesentliche Trends und aktuelle Forschungsrichtungen:

Erhöhte Effizienz durch Katalysatoren

Ein großer Forschungsbereich fokussiert sich auf die Entdeckung und Verbesserung von Katalysatoren, die die Effizienz der E-Fuel-Produktion steigern können. Durch die Verwendung besserer Katalysatoren könnte der Energieaufwand reduziert und die Ausbeute erhöht werden, was langfristig die Kosten senken würde.

Einsatz von künstlicher Intelligenz

Künstliche Intelligenz wird immer mehr zur Optimierung von Produktionsprozessen und zur Datenanalyse eingesetzt. Durch die Analyse von riesigen Datensätzen können Forscher besser verstehen, welche Faktoren die E-Fuel-Produktion beeinflussen und wie diese optimiert werden können.

Direkte Luftabscheidung von CO2

Einige Projekte erforschen Technologien zur direkten Abscheidung von CO2 aus der Atmosphäre, um dieses dann für die Produktion von E-Fuels zu nutzen. Die Idee dahinter ist, dass eine solche Technologie den CO2-Fußabdruck der E-Fuel-Produktion erheblich reduzieren könnte.

E-Fuels für den Luftverkehr

Der Luftverkehr stellt besondere Anforderungen an E-Fuels, insbesondere hinsichtlich der Energiedichte und der thermischen Stabilität. Es gibt mehrere laufende Forschungsprojekte, die darauf abzielen, spezielle E-Fuels für die Luftfahrt zu entwickeln, die diese Kriterien erfüllen.

Wasserelektrolyse-Technologien

Die Wasserelektrolyse ist ein Schlüsselprozess für die Herstellung von Wasserstoff, der in der E-Fuel-Produktion genutzt wird. Forschung in diesem Bereich zielt darauf ab, den Prozess effizienter und kostengünstiger zu gestalten, oft durch den Einsatz innovativer Materialien und Technologien.

Systemintegration und Netzstabilität

Da E-Fuel-Produktion oft erneuerbare Energiequellen wie Wind und Sonne nutzt, ist die Frage der Integration in das bestehende Stromnetz und die Aufrechterhaltung der Netzstabilität ein wichtiges Forschungsthema. Dies umfasst auch Speicherlösungen, die den aus erneuerbaren Quellen erzeugten Strom effizient speichern können.

Lebenszyklusanalyse und Umweltauswirkungen

Es gibt eine zunehmende Anzahl von Studien, die den gesamten Lebenszyklus von E-Fuels analysieren, von der Produktion bis zur Nutzung. Ziel ist es, ein umfassendes Bild der Umweltauswirkungen zu bekommen und Möglichkeiten zur Minimierung negativer Effekte zu identifizieren.

Internationale Kooperationen

Wegen der globalen Bedeutung der E-Fuel-Thematik gibt es zahlreiche internationale Forschungsprojekte und Kollaborationen. Diese ermöglichen einen schnelleren Wissensaustausch und können oft zu Durchbrüchen führen, die in isolierten Forschungsumgebungen unwahrscheinlich wären.

Second-Generation E-Fuels

Wie bereits zuvor kurz angesprochen, geht die Entwicklung hin zu sogenannten "Second-Generation E-Fuels", die aus Abfallprodukten oder Biomasse erzeugt werden. Diese bieten das Potenzial, die Nachhaltigkeit der E-Fuel-Produktion erheblich zu verbessern und gleichzeitig neue Wirtschaftskreisläufe zu schaffen.

Thermische Zersetzung von Wasser

Neben der Elektrolyse wird auch die Möglichkeit der thermischen Zersetzung von Wasser erforscht, oft in Verbindung mit konzentrierter Sonnenenergie. Dies könnte eine alternative Methode zur Wasserstoffproduktion darstellen und so die Effizienz der gesamten Wertschöpfungskette steigern.

Regionalisierte E-Fuel-Produktion

Angesichts der Geopolitik und der Fluktuation der Energiepreise wird die Möglichkeit einer dezentralen, regionalisierten E-Fuel-Produktion immer attraktiver. Diese Forschungsprojekte untersuchen, inwieweit eine lokale Produktion sowohl technisch als auch wirtschaftlich umsetzbar ist.

E-Fuels im Schiffsverkehr

Neben dem Luftverkehr ist auch der Schiffsverkehr ein Sektor, der sich schwierig elektrifizieren lässt und daher als potenzieller Markt für E-Fuels gilt. Forschungen hier befassen sich mit speziellen Anforderungen wie etwa dem Schwefelgehalt und anderen Emissionen, die im maritimen Kontext relevant sind.

E-Fuels in der Industrie

E-Fuels können nicht nur im Verkehrssektor, sondern auch in industriellen Prozessen eine Rolle spielen. Beispielsweise könnten sie als erneuerbare Alternative in der Stahl- oder Zementproduktion dienen. Die Erforschung ihrer Anwendbarkeit in diesen Kontexten wird zunehmend wichtiger.

Konsumentenverhalten und Akzeptanz

Das beste Produkt nützt wenig, wenn es von den Endverbrauchern nicht angenommen wird. Daher werden auch soziologische Studien durchgeführt, die das Konsumentenverhalten erforschen und Wege aufzeigen, wie die Akzeptanz von E-Fuels gesteigert werden kann.

Durch die Vielschichtigkeit der Forschungsprojekte und Entwicklungen wird deutlich, dass die E-Fuel-Thematik ein interdisziplinäres Feld ist, das von Technologie und Ingenieurswissenschaften über Wirtschaft und Politik bis hin zu Soziologie und Umweltwissenschaften reicht. Jeder dieser Bereiche liefert wertvolle Erkenntnisse, die zusammengenommen ein umfassendes Bild der Chancen und Herausforderungen in der E-Fuel-Industrie zeichnen.

Politische Unterstützung

Die politische Unterstützung für E-Fuels dürfte in den kommenden Jahren wachsen, insbesondere wenn die Technologie als Mittel zur Erreichung von Klimazielen anerkannt wird. Subventionen, steuerliche Anreize und Investitionen in Forschung & Entwicklung könnten hier entscheidend sein.

Marktdurchdringung

Je mehr sich die Technologie bewährt und je günstiger die Produktionskosten werden, desto höher ist die Wahrscheinlichkeit einer breiten Marktdurchdringung. Insbesondere in Sektoren, die sich schwer elektrifizieren lassen (wie Luft- und Schifffahrt), könnten E-Fuels eine Schlüsselrolle spielen.

Es gibt jedoch auch Risikofaktoren wie die Verfügbarkeit und Kosten von Rohstoffen (z.B. für Katalysatoren), geopolitische Unsicherheiten oder potenzielle negative Umweltauswirkungen, die die Entwicklung der E-Fuel-Technologie hemmen könnten.

Wettbewerb zu anderen Technologien

Während E-Fuels ein vielversprechender Ansatz sind, stehen sie in direkter Konkurrenz zu anderen Technologien wie Batterie-Elektrofahrzeugen und Wasserstoff-Brennstoffzellen. Die zukünftige Entwicklung wird auch davon abhängen, wie gut E-Fuels im Vergleich zu diesen Technologien abschneiden.

Politische und gesellschaftliche Dimensionen

E-Fuels sind eng mit der politischen Agenda zur Erreichung von Klimazielen verbunden. Da Länder weltweit daran arbeiten, ihre CO_2-Emissionen zu senken, könnten E-Fuels als eine Möglichkeit gesehen werden, den

Übergang zu einer kohlenstoffarmen Wirtschaft zu beschleunigen. Dies würde vermutlich auch eine politische Unterstützung in Form von Forschungsförderung, Subventionen und steuerlichen Anreizen nach sich ziehen.

Die politische Dimension beinhaltet auch die Schaffung eines rechtlichen Rahmens für die Produktion, den Vertrieb und den Verbrauch von E-Fuels. Hier könnten Dinge wie Qualitätsstandards, Zertifizierungsverfahren und Handelsgesetze eine Rolle spielen. Zudem könnte die politische Debatte darüber, ob und wie E-Fuels in den Emissionshandel einbezogen werden sollen, an Bedeutung gewinnen.

Die E-Fuel-Technologie bietet auch die Möglichkeit für internationale Kooperationen, insbesondere zwischen Ländern, die über umfangreiche erneuerbare Energiequellen verfügen, und solchen, die auf Energieimporte angewiesen sind. Solche Partnerschaften könnten geopolitische Auswirkungen haben und dazu beitragen, die Energieversorgung sicherer und nachhaltiger zu gestalten.

Die Akzeptanz der Gesellschaft wird von verschiedenen Faktoren beeinflusst, darunter die wahrgenommene Umweltfreundlichkeit der Technologie, die Kosten für den Endverbraucher und ethische Überlegungen wie die Auswirkungen auf die Nahrungsmittelproduktion, falls landwirtschaftliche Abfälle für die Produktion von E-Fuels verwendet werden. Diese Aspekte könnten in der öffentlichen Debatte und in den Medien viel Aufmerksamkeit finden.

Die Einführung von E-Fuels könnte auch durch mächtige Interessengruppen beeinflusst werden, darunter die fossile Brennstoffindustrie, die Automobilhersteller und Umweltschutzorganisationen. Jede dieser Gruppen hat ihre eigenen Interessen und Standpunkte, die die politische Entscheidungsfindung in diesem Bereich beeinflussen könnten.

Sozioökonomische Auswirkungen

Die Produktion von E-Fuels könnte neue Arbeitsplätze schaffen, insbesondere in Regionen mit reichlich erneuerbaren Energiequellen. Andererseits könnten einige Arbeitsplätze in traditionellen Sektoren, die stark auf fossile Brennstoffe angewiesen sind, gefährdet sein. Dies würde auch politische und soziale Auswirkungen haben, insbesondere in Bezug auf die Umverteilung und die Qualifizierung von Arbeitskräften.

Bildung und Aufklärung

Ein weiterer wichtiger Aspekt ist die Bildung und Aufklärung der Bevölkerung über die Vor- und Nachteile von E-Fuels. Ohne eine fundierte öffentliche Meinung könnten Fehlinformationen und Skepsis die Einführung der Technologie verzögern oder sogar verhindern.

Insgesamt betrachtet ist die politische und gesellschaftliche Dimension von E-Fuels komplex und erfordert eine umfassende, interdisziplinäre Betrachtungsweise, die sowohl technologische als auch sozioökonomische, ethische und geopolitische Aspekte einbezieht.

Politische Entscheidungsträger und Gesetzgebung

Die Rolle der Politik in der Förderung oder Behinderung von E-Fuels ist zentral und kann den Verlauf der Technologie maßgeblich beeinflussen. Da E-Fuels sowohl als Chance zur Reduzierung von Treibhausgasemissionen als auch als Risiko für bestehende wirtschaftliche Interessen betrachtet werden können, ist das politische Kräftespiel unklar.

Politische Entscheidungsträger könnten den Einsatz von E-Fuels durch direkte Subventionen oder Steuervergünstigungen für Produzenten und Verbraucher fördern. Dies würde die Produktion von E-Fuels wirtschaftlich attraktiver machen und könnte den Markt für diese Technologie öffnen.

Die öffentliche Finanzierung von Forschungsprojekten kann entscheidend für die Entwicklung effizienterer und kostengünstigerer Produktionsmethoden sein. Durch Partnerschaften zwischen Regierung, Wissenschaft und Industrie können synergetische Effekte erzielt werden.

Die Implementierung von Standards und Zertifizierungen für E-Fuels könnte dazu beitragen, die Qualität und Sicherheit der Produkte sicherzustellen und das

Verbrauchervertrauen zu stärken. Ein klarer regulatorischer Rahmen kann auch die Unsicherheit für Investoren reduzieren.

Die Regierung kann auch internationale Verträge oder Abkommen unterstützen, die den Einsatz von E-Fuels fördern, etwa durch Handelserleichterungen oder technologische Partnerschaften.

Paradoxerweise könnten Umweltauflagen auch die E-Fuel-Industrie behindern, insbesondere wenn die CO_2-Bilanz der E-Fuels nicht als ausreichend positiv bewertet wird oder wenn Nebenwirkungen wie Wasserverbrauch in den Fokus rücken.

Wenn die politische Priorität auf anderen Technologien wie Elektromobilität oder Wasserstoff liegt, könnten Ressourcen und Aufmerksamkeit von E-Fuels abgelenkt werden. Subventionen und Forschungsgelder würden dann vorrangig in diese Bereiche fließen.

In vielen Ländern sind fossile Brennstoffe ein wichtiger Wirtschaftszweig. Die Einführung von E-Fuels könnte als Bedrohung für diese Interessen gesehen werden, was zu politischem Widerstand führen kann.

Politiker könnten zögern, neue und unerprobte Technologien zu unterstützen, wenn sie befürchten, dass dies bei den Wählern nicht gut ankommt oder kurzfristig keine sichtbaren Erfolge bringt.

Zusammenfassend kann die Politik sowohl als Katalysator als auch als Hemmnis für die Entwicklung von E-

Fuels wirken. Die Herausforderung für politische Entscheidungsträger besteht darin, einen Ansatz zu finden, der wirtschaftliche, ökologische und soziale Aspekte berücksichtigt.

Aktuelle Rahmenbedingungen

Gesetze und Fördermechanismen für E-Fuels variieren von Land zu Land und sind einem ständigen Wandel unterzogen. Es gibt jedoch einige allgemeine Trends und Mechanismen, die in verschiedenen Teilen der Welt zur Förderung von E-Fuels eingesetzt werden.

In der Europäischen Union sind E-Fuels Teil der Diskussion um die Erneuerbare-Energien-Richtlinie (RED II), die darauf abzielt, den Anteil erneuerbarer Energien im Verkehrssektor zu erhöhen. Obwohl E-Fuels derzeit noch nicht in großem Umfang kommerziell produziert werden, könnte ihre Anerkennung als nachhaltige Kraftstoffoption in der EU ihnen einen erheblichen Schub geben.

Deutschland hat spezifische Programme zur Förderung von Wasserstofftechnologien, die für die E-Fuel-Produktion relevant sein können. Das Nationale Wasserstoffprogramm ist ein Beispiel dafür, und es gibt finanzielle Anreize für Forschung und Entwicklung in diesem Bereich.

In den Vereinigten Staaten gibt es verschiedene staatliche und bundesstaatliche Programme, die die Entwicklung und Adoption von sauberen Kraftstofftechnologien fördern. Steuergutschriften, Forschungs- und Entwicklungsgrants und andere finanzielle Anreize können für Unternehmen zur Verfügung stehen, die in E-Fuel-Technologien investieren.

Ein weiteres Instrument, das in einigen Ländern untersucht wird, ist die Einführung einer Kohlenstoffsteuer oder eines Emissionshandelssystems, das den Einsatz von E-Fuels finanziell attraktiver machen könnte, indem fossile Brennstoffe verteuert werden. Die Europäische Union beispielsweise verfügt über verschiedene Instrumente und Mechanismen zur Eindämmung der CO_2-Emissionen und zur Förderung von nachhaltigeren Energiequellen. Eines der wichtigsten Instrumente ist das EU-Emissionshandelssystem (EU ETS), welches ein marktbasiertes Ansatz zur Reduzierung der Treibhausgasemissionen darstellt. Das EU ETS legt Obergrenzen für die Menge an CO_2 und anderen Treibhausgasen fest, die von Teilnehmern in bestimmten Industriezweigen und im Energiesektor ausgestoßen werden dürfen. Diese Unternehmen müssen Verschmutzungsrechte erwerben, die sie dazu berechtigen, eine bestimmte Menge an CO_2 auszustoßen. Wenn ein Unternehmen mehr emittiert, muss es zusätzliche Verschmutzungsrechte erwerben, und wenn es weniger emittiert, kann es überschüssige Rechte verkaufen.

Es gibt auch Diskussionen über die Einführung einer CO_2-Grenzausgleichssteuer (Carbon Border Adjustment Mechanism, CBAM) auf EU-Ebene. Der Vorschlag für ein solches Mechanismus ist darauf ausgerichtet, das

Risiko einer "Carbon Leakage" zu mindern. Carbon Leakage bezieht sich auf das Phänomen, dass Unternehmen die Produktion in Länder mit weniger strengen CO_2-Beschränkungen verlagern könnten. Durch die Einführung einer CO_2-Grenzausgleichssteuer würde die EU die Einfuhr von Produkten aus Ländern mit weniger strengen Umweltauflagen verteuern, um den europäischen Markt vor Wettbewerbsverzerrungen zu schützen und die globalen CO_2-Emissionen zu senken.

Darüber hinaus haben einzelne EU-Mitgliedsstaaten eigene Formen von CO_2-Steuern implementiert. Schweden beispielsweise hat bereits 1991 eine CO_2-Steuer eingeführt und gilt als Pionier in diesem Bereich. Finnland, Dänemark und Irland haben ebenfalls eigene CO_2-Steuern, und andere Länder wie Deutschland haben spezifische Abgaben und Steuern, die sich indirekt auf CO_2-Emissionen auswirken.

In vielen Ländern gibt es bereits Emissionsstandards, die die Menge der erlaubten Treibhausgasemissionen für verschiedene Industrien festlegen. Für E-Fuels kann die Einhaltung dieser Standards besonders kritisch sein, um als nachhaltige Alternative angesehen zu werden.

Einige Länder haben spezielle Kohlenstoffsteuern eingeführt, die direkt auf den CO_2-Gehalt eines fossilen Brennstoffs basieren. Diese Steuern können entweder fix sein oder sich im Laufe der Zeit erhöhen, um einen stärkeren Anreiz für den Übergang zu erneuerbaren Energien zu schaffen. Zum Beispiel hat Schweden eine der weltweit höchsten Kohlenstoffsteuern und kombiniert diese mit einer Reihe anderer ökologischer Steuern und Anreize.

Es gibt auch andere Steuermodelle, wie die Mineralöl-steuer in Deutschland, die den Verbrauch von Benzin und Diesel besteuern, oder die Tonne-Mile-Taxe für den Schifffahrtssektor. Diese Steuern sind nicht unbedingt direkt an den CO_2-Ausstoß gebunden, können aber dennoch einen ähnlichen Lenkungseffekt haben.

Das Hauptziel der Besteuerung fossiler Brennstoffe ist es, den wahren gesellschaftlichen Kosten des Energie-verbrauchs Rechnung zu tragen. Durch die Internalisie-rung der externen Kosten, wie Umweltverschmutzung und Klimawandel, soll ein fairer und effizienterer Ener-giemarkt geschaffen werden. Dies soll Unternehmen und Verbraucher dazu anregen, weniger CO_2-intensive Energiequellen zu nutzen und Innovationen im Bereich der erneuerbaren Energien voranzutreiben.

Verpflichtende Beimischungsquoten

Einige Länder wie Deutschland haben nationale Ge-setze, die die Beimischung von erneuerbaren Kraftstof-fen zu fossilen Kraftstoffen vorschreiben. Derzeit bezie-hen sich diese Regelungen hauptsächlich auf Biokraft-stoffe, aber sie könnten in der Zukunft auch auf E-Fuels ausgeweitet werden, insbesondere wenn diese eine kos-teneffektive Möglichkeit bieten, die CO_2-Emissionen im Verkehrssektor zu reduzieren.

Die USA haben mit dem Renewable Fuel Standard ein ähnliches Programm, das die Beimischung von erneuerbaren Kraftstoffen zu Benzin und Diesel vorschreibt. Auch hier besteht das Potenzial für die Einbeziehung von E-Fuels, sobald diese kommerziell verfügbar sind.

Einige Länder haben auch spezifische Programme zur Förderung von Wasserstoff, der als Basis für E-Fuels dienen kann. Diese könnten als Vorstufe für eine verpflichtende Beimischung von E-Fuels betrachtet werden, wenn die Technologie ausgereift und wirtschaftlich sinnvoll ist.

Es ist wichtig zu beachten, dass die Beimischung von E-Fuels technische Herausforderungen mit sich bringen kann, da diese Kraftstoffe unterschiedliche Eigenschaften als herkömmliche fossile Brennstoffe haben können.

Verbot von Verbrennungsmotoren

In einigen Ländern gibt es Vorschläge, den Verkauf neuer Verbrennungsmotoren in den kommenden Jahrzehnten zu verbieten. Solche Gesetze würden die E-Fuel-Industrie erheblich beeinflussen, da sie den Bedarf an alternativen Kraftstoffen für PKWs entscheidend verringern könnten.

Mehrere Länder und Städte haben angekündigt, den Verkauf oder die Nutzung von Fahrzeugen mit Verbrennungsmotoren in den kommenden Jahren zu verbieten oder erheblich einzuschränken. Diese Pläne sind Teil einer breiteren Strategie zur Verringerung der CO_2-

Emissionen und zur Förderung von nachhaltigeren Transportmitteln. Hier sind einige Beispiele:

- **Norwegen**: Eines der ambitioniertesten Ziele kommt aus Norwegen, wo die Regierung plant, bis 2025 den Verkauf neuer Personenwagen und Kleinlastwagen mit Verbrennungsmotoren zu stoppen.
- **Niederlande**: Das Land hat vorgeschlagen, den Verkauf neuer Benzin- und Dieselfahrzeuge bis 2030 zu verbieten.
- **Vereinigtes Königreich**: Das Vereinigte Königreich hat angekündigt, den Verkauf von neuen Benzin- und Diesel-Pkw und -Kleinlastwagen ab dem Jahr 2030 zu verbieten. Hybridfahrzeuge, die eine erhebliche Reichweite mit elektrischer Energie erzielen können, dürfen bis 2035 verkauft werden.
- **Deutschland**: Einige deutsche Städte, darunter Hamburg, Stuttgart und Berlin, haben bereits Einschränkungen für ältere Dieselfahrzeuge in bestimmten Zonen eingeführt. Auch wenn es auf Bundesebene noch keine konkreten Verbotspläne gibt, wird über verschiedene Optionen diskutiert.
- **Frankreich**: Frankreich plant, den Verkauf von Benzin- und Dieselfahrzeugen bis 2040 zu beenden.

- **Kalifornien**: Der US-Bundesstaat Kalifornien hat angekündigt, den Verkauf neuer Benzin-Pkw und -Kleinlastwagen ab 2035 zu verbieten.
- **Indien**: Die Hauptstadt Delhi hat ein ähnliches Verbot für neue Benzinfahrzeuge ab 2030 ins Gespräch gebracht, aber auf nationaler Ebene gibt es noch keine festen Pläne.
- **China**: Auch wenn China noch kein genaues Datum für ein Verbot festgelegt hat, hat die Regierung mehrmals ihre Absicht bekundet, in Zukunft den Verkauf von Verbrennungsmotoren zu beschränken.

In vielen Fällen sind diese Ankündigungen nicht in Gesetze umgewandelt worden und könnten sich daher noch ändern. Aber sie zeigen den wachsenden Konsens, dass die Zukunft der Mobilität in elektrischen oder anderen emissionsarmen Fahrzeugen liegt. Dies könnte die Entwicklung von E-Fuels entscheidend behindern.

Andere Regelungsbereiche

Neben nationalen Gesetzen und Verordnungen gibt es auch internationale Abkommen, wie das Pariser Abkommen, die den Einsatz von E-Fuels beeinflussen könnten. Internationale Gesetze können Standards setzen, die von den einzelnen Ländern umgesetzt werden müssen, und damit die globale Entwicklung der E-Fuel-Technologie beeinflussen.

Manchmal gibt es Gesetze oder Verordnungen, die nicht direkt für den E-Fuel-Sektor geschrieben wurden, aber dennoch erheblichen Einfluss haben können. Beispiele hierfür könnten Landnutzungsgesetze oder Wasserrechte sein, die die Produktion von Biomasse für E-Fuels beeinflussen könnten.

Neben Gesetzen und Verordnungen können auch industrielle Normen und Zertifizierungen die E-Fuel-Industrie prägen. Diese sind oft weniger bindend als Gesetze, können jedoch den Marktzugang erschweren. Dazu könnten Normen für die chemische Zusammensetzung von E-Fuels, Sicherheitsstandards oder Zertifizierungen für nachhaltig produzierte Rohstoffe gehören.

Mit steigendem Umweltbewusstsein der Verbraucher könnten Gesetze zur Kennzeichnung von E-Fuels und deren Herkunft in Kraft treten. Das würde den Verbrauchern erlauben, informiertere Entscheidungen zu treffen und könnte die Nachfrage nach nachhaltigeren Optionen erhöhen.

Öffentliche Meinung und Medien

Die Rolle der öffentlichen Meinung und der Medien im Kontext von E-Fuels ist nicht zu unterschätzen. Diese beiden Faktoren können erheblichen Einfluss darauf haben, wie die Technologie wahrgenommen wird und in welchem Maß sie angenommen oder abgelehnt wird.

Die Medien sind oft das Hauptmittel, durch das die breite Öffentlichkeit Informationen über neue Technologien wie E-Fuels erhält. Die Art der Berichterstattung kann daher die öffentliche Wahrnehmung stark beeinflussen. Positive Berichterstattung kann die Technologie in ein günstiges Licht rücken, während negative Schlagzeilen Bedenken und Skepsis hervorrufen können. Dies hat wiederum Auswirkungen auf Investitionen, staatliche Förderung und die allgemeine Marktnachfrage.

Die Rolle von Social Media als Meinungsbildner ist in den letzten Jahren gewachsen. Plattformen wie Twitter, Facebook und Reddit ermöglichen es den Menschen, ihre Ansichten schnell und weitreichend zu verbreiten. Wenn ein bestimmtes Thema im Zusammenhang mit E-Fuels viral geht, kann dies in kürzester Zeit zu einer signifikanten Veränderung der öffentlichen Wahrnehmung führen.

Aktivistengruppen und NGOs, die sich auf Umweltfragen konzentrieren, haben oft eine starke Präsenz in den Medien und können die öffentliche Meinung erheblich beeinflussen. Tatsächlich sprechen sich Umweltverbände derzeit eher negativ in Bezug auf E-Fuels aus; im Wesentlichen wegen im Vergleich zur Elektromobilität schlechter Energieeffizienz und der Möglichkeit, E-Fuels aus fossilen Energieträgern zu generieren.

Meinungsumfragen und Marktforschung

Umfragen und Marktforschung können einen tiefen Einblick in die öffentliche Meinung geben und Trends aufzeigen. Dies kann für die Industrie als Richtschnur für die Akzeptanz ihrer Produkte dienen und auch politischen Entscheidungsträgern Hinweise geben, wie sie am besten auf die Bedenken der Öffentlichkeit eingehen können.

Durch das Zusammenspiel dieser verschiedenen Elemente wird deutlich, dass die öffentliche Meinung und die Medien eine dynamische und oft schwer vorhersehbare Rolle im Erfolg oder Misserfolg von E-Fuels spielen. Daher ist es für alle Beteiligten, von Industrie bis Politik, entscheidend, diese Aspekte sorgfältig zu beobachten und darauf zu reagieren.

Länderbeispiele

Deutschland

Deutschland hat ehrgeizige Ziele für den Klimaschutz und die Energiewende gesetzt. Im Rahmen dieser Ziele spielt die Verkehrssektor-Transformation eine entscheidende Rolle. Die Regierung hat verschiedene Anreizprogramme und Regelungen eingeführt, um alternative Antriebstechnologien zu fördern. E-Fuels könnten als Teil der Lösung dienen, besonders für Anwendungen, bei denen Elektromobilität nicht praktikabel ist, wie im Luft- und Schiffsverkehr oder im schweren Straßengüterverkehr.

In Deutschland gibt es eine robuste Forschungslandschaft im Bereich der E-Fuels. Verschiedene

Forschungsinstitutionen und Universitäten arbeiten an der Optimierung der Herstellungstechnologien, der Reduzierung der Produktionskosten und der Erhöhung der Nachhaltigkeit der verwendeten Rohstoffe. In der Forschung stehen vor allem Verfahren wie Power-to-Liquid (PtL) und Power-to-Gas (PtG) im Vordergrund.

Verschiedene deutsche Unternehmen, insbesondere aus der Automobilindustrie, investieren in die Entwicklung von E-Fuels. Diese Kraftstoffe könnten eine Alternative bieten, die es ermöglicht, bestehende Verbrennungsmotoren weiter zu nutzen, während gleichzeitig die CO_2-Emissionen reduziert werden. Hierdurch könnte ein wertvoller Kompromiss zwischen der Notwendigkeit, den CO_2-Ausstoß zu senken, und dem Erhalt von Arbeitsplätzen in der traditionellen Automobilindustrie gefunden werden.

Die öffentliche Meinung zu E-Fuels in Deutschland ist gemischt. Während einige die Technologie als vielversprechende Möglichkeit zur CO_2-Reduzierung sehen, kritisieren andere sie als "Greenwashing" oder als Ablenkung von dringenderen Maßnahmen wie der Förderung der Elektromobilität.

Die bestehende Infrastruktur für Benzin und Diesel könnte für E-Fuels weiterverwendet werden, was ein klarer Vorteil gegenüber anderen alternativen Antriebstechnologien wäre, die den Aufbau neuer Infrastrukturen erfordern.

Es bleibt abzuwarten, wie sich diese Dynamiken in den kommenden Jahren entwickeln werden.

Frankreich

In Frankreich hat die Diskussion über E-Fuels (elektronische Kraftstoffe) zwar etwas später als in anderen europäischen Ländern wie Deutschland begonnen, gewinnt jedoch zunehmend an Bedeutung.

Frankreich hat sich im Einklang mit der Europäischen Union ambitionierte Ziele für die Reduzierung der CO_2-Emissionen gesetzt. Die Regierung fördert aktiv den Übergang zu Elektromobilität und erneuerbaren Energien. E-Fuels könnten in diesem Rahmen als zusätzliches Instrument zur Dekarbonisierung des Verkehrs und zur Erreichung der Klimaziele betrachtet werden.

Frankreich hat eine starke Tradition in der Forschung und Entwicklung, auch im Bereich der erneuerbaren Energien. Verschiedene französische Forschungseinrichtungen und Unternehmen arbeiten an der Verbesserung der E-Fuel-Technologie, wobei der Fokus oftmals auf der Nachhaltigkeit und Effizienz der Herstellungsprozesse liegt.

Die französische Automobilindustrie, die traditionell einen wichtigen Wirtschaftszweig darstellt, zeigt Interesse an der Entwicklung von E-Fuels als Alternative oder Ergänzung zu Elektrofahrzeugen. Dies ist besonders relevant für Sektoren, in denen Elektromobilität schwierig umzusetzen ist, wie zum Beispiel im Luftverkehr, im Schiffsverkehr oder bei Nutzfahrzeugen.

Wie in anderen Ländern ist die öffentliche Meinung zu E-Fuels in Frankreich gespalten. Es gibt eine allgemeine Zustimmung zu Technologien, die das Potenzial haben, die CO_2-Emissionen zu reduzieren, aber gleichzeitig auch Bedenken hinsichtlich der Kosten und der langfristigen Nachhaltigkeit dieser Lösungen.

Die Kosten für die Produktion von E-Fuels sind auch in Frankreich eine Hürde. Die Regierung könnte durch Subventionen oder steuerliche Anreize die kommerzielle Entwicklung von E-Fuels fördern, um diese wirtschaftlich attraktiver zu machen.

Da Frankreich seine Bemühungen zur Reduzierung der Treibhausgasemissionen intensiviert, könnte die Bedeutung von E-Fuels in der nationalen Energiestrategie weiter wachsen, abhängig von technologischen Durchbrüchen, wirtschaftlichen Überlegungen und politischen Entscheidungen.

Insgesamt steht die Entwicklung und Integration von E-Fuels in Frankreich noch relativ am Anfang, doch die Dynamik nimmt zu.

Großbritannien

In Großbritannien ist die Debatte um E-Fuels Teil einer größeren Diskussion über die Zukunft der Mobilität und der nationalen Energiestrategie. Großbritannien hat sich zum Ziel gesetzt, bis 2050 klimaneutral zu sein, und die

Regierung hat eine Reihe von Initiativen und Gesetzen eingeführt, um dieses Ziel zu erreichen. Im Rahmen dieser Bestrebungen ist die Reduzierung von CO2-Emissionen im Verkehrssektor ein wesentliches Element. E-Fuels könnten hierbei eine ergänzende Rolle zu anderen Technologien wie Elektrofahrzeugen und Wasserstoffantrieb spielen.

Das Vereinigte Königreich hat eine robuste Forschungs- und Entwicklungslandschaft, und britische Universitäten sowie private Forschungseinrichtungen sind an der Spitze der wissenschaftlichen Erkundung im Bereich erneuerbare Energien und saubere Technologien. Forschungsprojekte zu E-Fuels konzentrieren sich insbesondere auf die Verbesserung der Effizienz und Nachhaltigkeit der Herstellungsprozesse.

Die Automobilindustrie ist ein wichtiger Wirtschaftszweig in Großbritannien, und viele Unternehmen zeigen ein wachsendes Interesse an alternativen Kraftstofftechnologien, darunter E-Fuels. Ihre potenzielle Verwendung in verschiedenen Transportmitteln, von Pkw über Lkw bis hin zu Flugzeugen und Schiffen, macht sie zu einem interessanten Forschungsfeld.

Die öffentliche Meinung zu E-Fuels ist gemischt. Während eine wachsende Zahl von Menschen die Notwendigkeit anerkennt, alternative Kraftstoffe zu fördern, bestehen auch Bedenken hinsichtlich der langfristigen Nachhaltigkeit und der Kosten für den Verbraucher.

Skandinavien

In Skandinavien hat die Debatte um E-Fuels einen einzigartigen Kontext, der durch eine hohe Akzeptanz für nachhaltige Technologien, eine robuste Energieinfrastruktur und ambitionierte Klimaziele geprägt ist. Diese Region, bestehend aus Ländern wie Schweden, Norwegen, Dänemark und Finnland, nimmt oft eine Vorreiterrolle in der nachhaltigen Entwicklung ein. Skandinavische Länder haben einige der ehrgeizigsten Klimaziele weltweit. Norwegen hat zum Beispiel das Ziel, bis 2025 alle Neuwagen emissionsfrei zu machen. Diese Ambitionen schaffen einen günstigen politischen Rahmen für innovative Lösungen wie E-Fuels. Auch werden hier bereits spezifische Subventionsmodelle und Steuervorteile diskutiert, um die Produktion und den Einsatz von E-Fuels zu fördern.

Ein weiterer wichtiger Faktor in Skandinavien ist das reiche Vorkommen an erneuerbaren Energiequellen wie Wasserkraft, Windkraft und Biomasse. Diese Fülle an erneuerbaren Energien kann theoretisch zur klimaneutralen Produktion von E-Fuels genutzt werden, wodurch diese Technologie in der Region besonders attraktiv wird.

Die Skandinavischen Länder investieren massiv in Forschung und Entwicklung im Bereich der erneuerbaren Energien. Verschiedene Forschungsinstitutionen und Universitäten in der Region sind an der Spitze der Forschung zu E-Fuels und verwandten Technologien.

Die Schwerindustrie, insbesondere in Schweden und Finnland, zeigt Interesse an E-Fuels als potenzielle Lösung für die Dekarbonisierung von Produktionsprozessen und Schwertransport. Auch die maritime Industrie, die in Norwegen stark vertreten ist, betrachtet E-Fuels als eine Möglichkeit, den Seeverkehr nachhaltiger zu gestalten.

Die Bevölkerung in Skandinavien ist allgemein sehr umweltbewusst und offen für nachhaltige Technologien, was die gesellschaftliche Akzeptanz von E-Fuels wahrscheinlich erhöht. Allerdings wird diese Technologie auch kritisch hinterfragt, insbesondere im Hinblick auf die Gesamteffizienz und die Notwendigkeit einer breiten Palette von Lösungen für die Dekarbonisierung.

Die Skandinavische Region bietet eine interessante Mischung aus politischem Willen, technologischem Knowhow und gesellschaftlicher Akzeptanz, die den Weg für E-Fuels ebnen könnte. Die Länder dieser Region haben sowohl die Ressourcen als auch den Willen, Innovationen im Bereich nachhaltige Kraftstoffe voranzutreiben, und E-Fuels könnten dabei eine wichtige Rolle spielen.

Südeuropa

In Südeuropa, zu dem Länder wie Spanien, Italien, Griechenland und Portugal gehören, präsentieren sich die Gegebenheiten für E-Fuels anders als in anderen Teilen Europas.

Südeuropa ist durch ein mildes Klima mit viel Sonnenschein gekennzeichnet, was den Einsatz von Solarenergie begünstigt. Solarparks könnten eine bedeutende Rolle in der klimaneutralen Produktion von E-Fuels spielen. Auch Windkraft hat in einigen südeuropäischen Ländern, insbesondere in Spanien und Portugal, ein erhebliches Potenzial.

Die wirtschaftliche Situation in Teilen Südeuropas ist weniger robust als in anderen europäischen Regionen. Dies könnte sowohl eine Herausforderung als auch eine Chance für die Einführung von E-Fuels darstellen. Während begrenzte finanzielle Ressourcen die großflächige Implementierung erschweren könnten, bieten neue Technologien auch Möglichkeiten für wirtschaftliches Wachstum und Arbeitsplätze.

Die politische Unterstützung für erneuerbare Energien und nachhaltige Technologien variiert von Land zu Land. Während einige südeuropäische Länder ehrgeizige Klimaziele verfolgen, gibt es auch politische und bürokratische Hindernisse, die den Übergang zu einer nachhaltigen Energieinfrastruktur verlangsamen können.

Der Transportsektor ist für viele südeuropäische Länder ein wichtiger Wirtschaftszweig. Insbesondere der Tourismus stellt hohe Anforderungen an die Mobilität. E-Fuels könnten eine Möglichkeit bieten, den Verkehrssektor effizienter und umweltfreundlicher zu gestalten, ohne bestehende Infrastrukturen vollständig ersetzen zu müssen.

Die öffentliche Meinung zu erneuerbaren Energien und nachhaltigen Technologien ist in Südeuropa gemischt. Während es ein wachsendes Umweltbewusstsein gibt, steht die Notwendigkeit wirtschaftlicher Entwicklung oft im Vordergrund. Bildung und Aufklärung könnten entscheidend sein, um die Akzeptanz von E-Fuels zu fördern.

Die geografische Lage und die bestehenden Handelsbeziehungen zu Nordafrika bieten interessante Möglichkeiten für den Import von erneuerbaren Energien bzw. E-Fuels. Gerade in Bezug auf die Produktion von Wasserstoff könnte eine Zusammenarbeit mit Ländern, die über hohe erneuerbare Energiekapazitäten verfügen, vorteilhaft sein.

Europäische Union

Die EU hat ambitionierte Klimaziele, die unter anderem eine Reduzierung der CO_2-Emissionen im Verkehrssektor vorsehen. E-Fuels könnten eine wichtige Rolle in der Erreichung dieser Ziele spielen, insbesondere weil sie potenziell in bestehenden Verbrennungsmotoren und Infrastrukturen verwendet werden können. Es gibt bereits eine Reihe von EU-Richtlinien, die den Einsatz von erneuerbaren Energien im Verkehr fördern, aber die spezifische Rolle von E-Fuels ist noch Gegenstand von Diskussionen und Untersuchungen.

Die EU bietet verschiedene Finanzierungsmöglichkeiten für Forschung und Entwicklung im Bereich erneuerbare Energien, darunter auch E-Fuels. Diese Förderungen

könnten entscheidend sein, um die Technologie markt-
reif zu machen. Außerdem könnten wirtschaftliche Anreize wie Steuervorteile oder Subventionen den Einsatz
von E-Fuels attraktiver machen.

Die EU hat eine starke Forschungslandschaft, die in der
Lage ist, Innovationen in diesem Bereich voranzutreiben. Forschungsprojekte und Pilotanlagen sind bereits
in vielen EU-Ländern im Gange.

Die EU bietet außerdem eine Plattform für die Zusammenarbeit zwischen den Mitgliedsstaaten, was besonders relevant ist, weil Energiefragen oft grenzüberschreitende Auswirkungen haben. Gemeinsame Standards und Regularien könnten den Markt für E-Fuels
vereinheitlichen und so deren Akzeptanz fördern.

Die EU als einer der weltweit größten Märkte hat auch
eine wichtige Rolle in der internationalen Energiepolitik
und könnte als Vorbild für andere Regionen dienen. Außerdem könnte die EU durch Handelsabkommen und
diplomatische Initiativen den globalen Markt für E-
Fuels beeinflussen.

USA

Im Gegensatz zur Europäischen Union, wo es eine koor-
dinierte Politik auf kontinentaler Ebene gibt, wird die
Energiestrategie in den USA stark durch individuelle
Bundesstaaten und den privaten Sektor beeinflusst.

In den USA ist die Energiepolitik oft ein umstrittenes
Thema, das von parteipolitischen Überzeugungen

beeinflusst wird. Während einige Bundesstaaten wie Kalifornien und New York Vorreiter in der Förderung von erneuerbaren Energien sind, tendieren andere eher zu fossilen Brennstoffen. Der Einsatz von E-Fuels wird daher stark von lokalen Gesetzen, Subventionen und Steuervorteilen beeinflusst, was eine fragmentierte Einführung zur Folge haben kann.

Die USA sind eine der weltweit führenden Nationen in der Öl- und Gasproduktion, und diese Sektoren haben erheblichen Einfluss auf die Politik. Die Einführung von E-Fuels könnte daher als Bedrohung für die bestehenden Industrien angesehen werden. Andererseits haben die USA auch eine starke Innovationskultur und viele Unternehmen, die in erneuerbaren Energien und Clean Tech investieren, was die Entwicklung und Einführung von E-Fuels vorantreiben könnte.

Die Vereinigten Staaten sind ein Zentrum für technologische Innovation. Die Forschung und Entwicklung von E-Fuels könnten von diesem innovationsfreundlichen Umfeld profitieren, das durch akademische Einrichtungen, Start-ups und Großunternehmen gestützt wird.

Die Autokultur ist in den USA tief verwurzelt, was sowohl eine Chance als auch eine Herausforderung für die Einführung von E-Fuels darstellt. Einerseits könnte die große Abhängigkeit von Autos die Nachfrage nach alternativen Kraftstoffen steigern, insbesondere wenn diese mit bestehenden Verbrennungsmotoren kompatibel sind. Andererseits könnte der kulturelle Fokus auf Autos dazu führen, dass schnelle Lösungen wie E-Fuels gegenüber nachhaltigeren Mobilitätslösungen bevorzugt werden.

Die USA haben eine umfangreiche, aber veraltete Infrastruktur für den Transport von Kraftstoffen. Während die bestehenden Pipelines und Tankstellen theoretisch für E-Fuels genutzt werden könnten, wären dennoch erhebliche Investitionen in Anpassungen und Modernisierungen erforderlich.

China

China hat eine sich rasch entwickelnde Wirtschaft und eine steigende Mittelschicht, die immer mehr auf individuelle Mobilität setzt. Dies erhöht den Bedarf an Energie und vor allem an sauberen Alternativen zu fossilen Brennstoffen. Der Wirtschaftsboom hat jedoch auch zu einer Zunahme der Umweltverschmutzung geführt, was wiederum den Druck erhöht, nachhaltige Lösungen zu finden.

China ist ein globaler Führer in den Bereichen Technologie und Fertigung. Das Land hat erhebliche Ressourcen in Forschung und Entwicklung investiert, einschließlich in den Bereichen erneuerbare Energien und E-Fuels. Die Möglichkeit zur inländischen Produktion von E-Fuels und den dazugehörigen Technologien könnte eine wichtige Triebkraft für die Einführung sein.

Die chinesische Regierung hat bereits erhebliche Anstrengungen unternommen, um erneuerbare Energien zu fördern und Emissionsstandards zu verschärfen.

Die Größe und geografische Beschaffenheit Chinas stellen besondere Herausforderungen für die Infrastruktur dar. Eine weitreichende und effiziente Infrastruktur für die Produktion, den Transport und die Verwendung von E-Fuels wäre entscheidend für den Erfolg dieser Technologie im Land.

China ist sowohl einer der größten Energieverbraucher als auch -produzenten der Welt. Angesichts des anhaltenden Wirtschaftswachstums und des steigenden Energiebedarfs könnte das Land nach vielfältigen Energielösungen suchen, um seine Abhängigkeit von fossilen Brennstoffen zu verringern. E-Fuels könnten in diesem Kontext eine interessante Investitionsoption darstellen, besonders wenn sie kosteneffizienter werden.

China hat ambitionierte Klimaziele und nimmt international eine führende Rolle im Bereich der erneuerbaren Energien ein. Die Regierung hat bereits in Solar-, Wind- und Wasserenergie investiert und zeigt ein wachsendes Interesse an sauberen Technologien. E-Fuels könnten als Ergänzung zu diesen bereits bestehenden Initiativen dienen, insbesondere da sie eine Möglichkeit bieten, CO_2-Emissionen im Transportsektor zu reduzieren, einem der Hauptverursacher von Treibhausgasemissionen.

China ist ein globaler Führer in der Technologieentwicklung und -fertigung. Das Land hat bereits in die Forschung und Entwicklung von Batterietechnologien für Elektrofahrzeuge investiert und könnte seine technologischen Ressourcen nutzen, um auch bei der E-Fuel-

Technologie eine Führungsrolle einzunehmen. Da E-Fuels kompatibel mit bestehenden Verbrennungsmotoren sind, könnten sie eine attraktive kurz- bis mittelfristige Option sein, während die Infrastruktur für Elektrofahrzeuge weiter ausgebaut wird.

China hat ein Interesse daran, seine Energiequellen zu diversifizieren, um geopolitische Risiken zu minimieren. Investitionen in E-Fuels könnten nicht nur die Abhängigkeit von importierten fossilen Brennstoffen verringern, sondern auch Chinas Position als globaler Technologieführer stärken.

Angesichts dieser Faktoren scheint es wahrscheinlich, dass China ein Interesse an der Entwicklung und möglichen Investition in E-Fuels hat.

Japan

Japan steht vor ähnlichen Herausforderungen wie andere entwickelte Nationen, wenn es um den Übergang zu saubereren Energiequellen geht. Obwohl das Land stark in Elektrofahrzeuge und Wasserstofftechnologie investiert hat, könnten E-Fuels eine zusätzliche Rolle im Energiespektrum des Landes spielen.

Japan ist stark abhängig von Energieimporten, insbesondere von Öl und Gas. Diese Abhängigkeit macht das Land anfällig für Schwankungen der globalen Energiepreise und geopolitische Unsicherheiten. E-Fuels könnten dazu beitragen, diese Abhängigkeit zu verringern, indem sie aus inländischen oder freundlicheren Energie-quellen hergestellt werden.

Japan ist ein Technologieführer in vielen Bereichen, ein-schließlich Automobilbau und Elektronik. Diese techno-logische Expertise könnte dem Land einen Vorteil bei der Entwicklung effizienter Produktionsmethoden für E-Fuels verschaffen. Japan hat bereits in Wasserstoff und Brennstoffzellentechnologie investiert, was Syner-gien für E-Fuels bieten könnte.

Japan hat, ähnlich wie andere Länder, Klimaziele festge-legt und arbeitet daran, die CO_2-Emissionen zu senken. E-Fuels könnten eine Möglichkeit bieten, diese Ziele zu erreichen, insbesondere im Verkehrssektor, der einer der Hauptverursacher von CO_2 ist. Das öffentliche Be-wusstsein für Umweltprobleme ist ebenfalls hoch, was die Akzeptanz von E-Fuels fördern könnte.

Japan hat enge wirtschaftliche Beziehungen zu Ländern, die bei der E-Fuel-Entwicklung führend sein könnten. Durch Partnerschaften und Kooperationen könnten beide Seiten von technologischen Fortschritten und Marktchancen profitieren.

Fazit und Ausblick

Werden E-Fuels dazu führen, dass Verbrenner-PKW langfristig neben Elektrofahrzeugen betrieben werden können?

Die Frage, ob E-Fuels dazu führen könnten, dass Verbrenner-PKW langfristig betrieben werden können, hängt von einer Vielzahl von Faktoren ab, wie oben ausführlich beschrieben. E-Fuels haben sicher das Potential, die Lebensdauer von Verbrennungsmotoren zu verlängern, aber wahrscheinlich nicht in dem Ausmaß, dass sie Elektrofahrzeuge oder andere saubere Technologien ersetzen können.

Mehrere Gründe untermauern diese Einschätzung:

- **Technologische Reife**: Die Technologie für Elektrofahrzeuge ist bereits weit fortgeschritten und wird schnell günstiger. E-Fuels stecken in dieser Hinsicht noch in den Kinderschuhen.
- **Energieeffizienz**: Elektrofahrzeuge sind in der Regel effizienter in der Energieumwandlung als Verbrennungsmotoren, auch wenn diese mit E-Fuels betrieben werden.
- **Klimaziele**: Angesichts der dringenden Notwendigkeit, den CO_2-Ausstoß zu reduzieren, werden viele Länder wahrscheinlich weiterhin den Schwerpunkt auf Technologien legen, die am effizientesten und saubersten sind, was derzeit Elektrofahrzeuge sind.

- **Infrastruktur**: Der Aufbau einer Infrastruktur für E-Fuels würde erhebliche Investitionen erfordern, und es ist unklar, ob diese gegenüber den bereits existierenden und wachsenden Infrastrukturen für Elektro- und Wasserstofffahrzeuge konkurrenzfähig wären.

Das bedeutet jedoch nicht, dass E-Fuels keine Rolle spielen werden. In jedem Fall werden E-Fuels wahrscheinlich eine ergänzende Technologie sein, die in einem breiteren Ökosystem nachhaltiger Mobilitätslösungen existiert und den sich abzeichnenden Übergang zur Elektromobilität zeitlich abfedern kann.

E-Fuels haben das Potenzial, in einer Reihe von Anwendungen eine wichtige Rolle zu spielen, vor allem in Bereichen, in denen die Elektrifizierung oder der Einsatz von Wasserstoff problematisch ist.

Luftfahrt

In der Luftfahrt gibt es erhebliche technische Herausforderungen bei der Verwendung von Elektroantrieben, hauptsächlich aufgrund der Energiedichte von Batterien im Vergleich zu herkömmlichen Flugzeugtreibstoffen. E-Fuels könnten eine vielversprechende Möglichkeit bieten, die Emissionen in diesem Sektor zu reduzieren, ohne die grundlegende Infrastruktur der Flugzeuge zu verändern.

Schifffahrt

Auch im maritimen Bereich könnten E-Fuels eine Rolle spielen. Große Schiffe haben einen enormen Energiebedarf, der mit derzeitigen Batterietechnologien nur schwer zu decken ist. E-Fuels könnten eine sauberere Alternative zu den derzeit verwendeten Schwerölen sein.

Schwere Nutzfahrzeuge

Für Lkw, die lange Strecken zurücklegen müssen, oder für schwere Baufahrzeuge könnte die Batterietechnologie auf absehbare Zeit unpraktisch sein. Hier könnten E-Fuels eine praktikable Möglichkeit bieten, Emissionen zu senken, ohne Kompromisse bei der Leistung eingehen zu müssen.

Landwirtschaft

Landwirtschaftliche Maschinen könnten ebenfalls von E-Fuels profitieren. Da diese Fahrzeuge oft weit entfernt von Ladeinfrastrukturen arbeiten, könnten E-Fuels eine sinnvolle Alternative zu Dieselkraftstoffen sein.

Notstromgeneratoren und Industrieanlagen

In Notfällen und für industrielle Anwendungen sind oft leistungsstarke Generatoren erforderlich. E-Fuels könnten eine sauberere Alternative zu den derzeit verwendeten fossilen Brennstoffen sein.

Motorsport

Im Motorsport könnten E-Fuels als Übergangstechnologie dienen oder in Kategorien eingesetzt werden, die einen Verbrennungsmotor erfordern. Sie könnten dabei helfen, den Sport umweltfreundlicher zu gestalten, ohne die Zuschauererfahrung dramatisch zu verändern.

Heizung

In einigen Fällen könnten E-Fuels sogar als Ersatz für Heizöl in Wohngebäuden dienen, insbesondere in Regionen, in denen der Umstieg auf andere Heizmethoden technisch schwierig oder teuer ist.

Zusammenfassend lässt sich sagen, dass E-Fuels in verschiedenen Sektoren eine Rolle spielen können, insbesondere dort, wo hohe Energiedichten erforderlich sind oder bestehende Infrastrukturen die rasche Einführung alternativer Energieträger erschweren. Sie könnten eine wichtige Ergänzung im Portfolio der nachhaltigen Energieträger der Zukunft sein.

Können E-Fuels langfristig mit herkömmlichen fossilen Brennstoffen preislich konkurrieren?

Derzeit sind E-Fuels im Vergleich zu fossilen Brennstoffen wesentlich teurer, hauptsächlich wegen der hohen Produktionskosten. Ändert sich das in Zukunft?

Unter den derzeitigen technologischen und wirtschaftlichen Bedingungen erscheint es wenig wahrscheinlich, dass E-Fuels in absehbarer Zeit ähnlich kostengünstig wie fossile Brennstoffe werden.

Eine der Hauptbarrieren ist die Energieeffizienz: Die Umwandlung von Strom in E-Fuels und wieder zurück in nutzbare Energie ist ein ineffizienter Prozess im Vergleich zur direkten Nutzung von Elektrizität in Elektrofahrzeugen. Dies führt zu höheren Kosten. Hinzu kommt, dass die Produktion von E-Fuels idealerweise erneuerbare Energiequellen nutzen sollte, die zwar immer günstiger werden, aber immer noch in der Skalierung sind, und damit im Vergleich zu teuer.

In einer Welt mit strengen CO_2-Preisen oder anderen Formen der Besteuerung von fossilen Brennstoffen könnten E-Fuels jedoch wirtschaftlich konkurrenzfähiger werden. Das gilt insbesondere für Anwendungen, in denen elektrische Systeme keine praktikable Option darstellen, wie in der Luftfahrt oder der Schifffahrt.

Kurz gesagt: Es gibt eine Chance, dass E-Fuels unter bestimmten Bedingungen wettbewerbsfähig werden könnten, besonders wenn politische Instrumente eingeführt werden, die die externen Kosten fossiler Brennstoffe internalisieren. Allerdings ist es unter den derzeitigen Bedingungen unwahrscheinlich, dass diese Bedingungen eintreten werden.

Können E-Fuels der Elektromobilität gefährlich werden?

Elektroautos und Fahrzeuge mit Verbrennungsmotoren, die E-Fuels nutzen, haben jeweils eigene technologische Herausforderungen und Vorteile. Während Elektroautos in Bezug auf Energieeffizienz und Emissionen häufig besser abschneiden, sind E-Fuels in bestehenden Verbrennungsmotor-Infrastrukturen einfacher einzusetzen. Sie könnten also insbesondere für Länder interessant sein, die über keine ausreichende Ladeinfrastruktur für Elektroautos verfügen. Zudem könnten E-Fuels für Fahrzeugtypen interessant sein, bei denen Elektrifizierung schwieriger ist, wie z.B. Schwerlasttransport, Luftfahrt und Schifffahrt.

Von einer rein wirtschaftlichen Perspektive aus betrachtet, sind die Produktionskosten für E-Fuels viel zu hoch Das liegt unter anderem daran, dass für E-Fuels energieintensive Herstellungsprozesse erforderlich sind. Andererseits gibt es bereits eine etablierte Infrastruktur für Verbrennungsmotoren, während der Aufbau einer flächendeckenden Ladeinfrastruktur für Elektroautos teuer und zeitaufwändig sein kann.

Der ökologische Fußabdruck von E-Fuels im Vergleich zu Elektroautos hängt stark von der Quelle der für die Produktion verwendeten Energie ab. Wenn erneuerbare Energien für die Herstellung von E-Fuels genutzt werden, könnten sie eine umweltfreundlichere Alternative zu fossilen Brennstoffen darstellen, aber sie wären immer noch weniger effizient als Elektroautos, die direkt mit erneuerbaren Energien betrieben werden.

Politisch ist jedenfalls in wirtschaftlich entwickelten Ländern allgemein zu beobachten, dass die Würfel zugunsten der Elektromobilität gefallen sind. Langfristig ist damit schon wegen der ausbleibenden Skaleneffekte kein Platz für den großflächigen Einsatz von E-Fuels für PKW in diesen Ländern und für diese Anwendung.

Printed by Amazon Italia Logistica S.r.l.
Torrazza Piemonte (TO), Italy

60411942R00084